Sekundarstufe

Friedhelm Heitmann

Statistik und Wahrscheinlichkeits-rechnung

... kinderleicht erlernen!

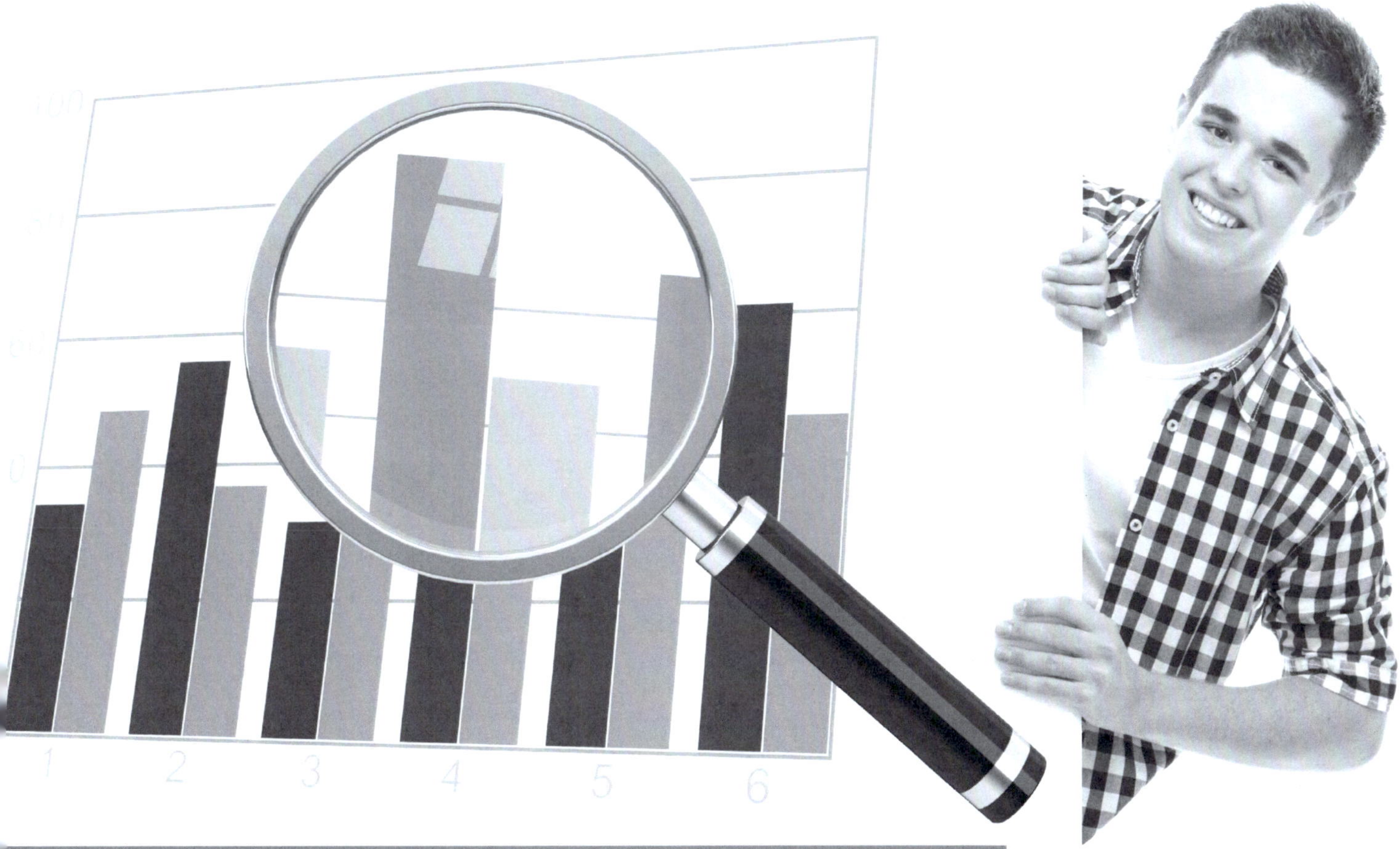

⇨ Erklärungen
⇨ Arbeitsblätter,
⇨ Tests und Lernspiele

Statistik und Wahrscheinlichkeitsrechnung

... kinderleicht erlernen

7. Auflage 2025

Inhalt: Friedhelm Heitmann
Coverbild: © Sylverarts, Alexander Raths & beermedia.de - AdobeStock.com
Redaktion: Kohl-Verlag
Layout & Satz: Kohl-Verlag
Druck: Druckerei Flock, Köln

Bestell-Nr. 11 661

ISBN: 978-3-95686-635-7

Kontakt: Kohl-Verlag, An der Brennerei 37-45, 50170 Kerpen
Tel: +49 2275 331610, Mail: info@kohlverlag.de

Inhaltsverzeichnis

Inhaltsverzeichnis

Wahrscheinlichkeitsrechnung

Vorwort

Liebe Kolleginnen, liebe Kollegen,

der vorliegende Band befasst sich mit dem Themenbereich Stochastik - eine Thematik, der seit einiger Zeit in den Bildungsplänen der bundesdeutschen Länder verstärkt Bedeutung beigemessen wird. In der ersten Hälfte dieses Bandes wird das Thema Statistik behandelt, in der zweiten Hälfte die Wahrscheinlichkeitsrechnung. Die im Inhalt mit dem Symbol ☆ gekennzeichneten Themen werden in den einzelnen Bundesländern verschieden und nicht einheitlich gehandhabt und umgesetzt. So wird zum Beispiel in Baden-Württemberg überwiegend die Variante mit ☆ für die Berechnung der Quartile verwendet. Kapitel 14 bis 16 sind nicht Thema im Unterricht. Beachten Sie im Inhaltsverzeichnis die Kapitel mit ☆ und wählen Sie individuell für Ihre Schülergruppe aus.

In allgemeinverständlicher Weise werden grundlegende Kenntnisse zur genannten Thematik vermittelt, gefestigt und überprüft. Oft gibt es auf den präsentierten Arbeitsblättern vorweg genaue Erklärungen von Fachwissen, unter anderem mit Beispielen, bevor es für die Schülerinnen und Schüler gilt, Aufgaben zu bewältigen. Am Ende des 1. Hauptteils (= Statistik) sowie am Schluss des 2. Hauptteils (= Wahrscheinlichkeitsrechnung) wird jeweils eine Klassenarbeit dargeboten.

Die im Band enthaltenen Materialien entstanden im Laufe meiner langjährigen Unterrichtstätigkeit als Lehrer, vor allem aus der Arbeit mit lernschwächeren Schülerinnen und Schülern. Die Materialien wären sonst überhaupt nicht zustande gekommen. Vorgesehen sind die Materialien für die Sekundarstufe, wo sie je nach Leistungsvermögen in unterschiedlichen Klassenstufen verwendet werden können. Für Verbesserungsvorschläge der Materialien sei im Voraus gedankt.

Viel Freude und Erfolg beim Einsatz der vorliegenden Kopiervorlagen wünschen Ihnen der Kohl-Verlag und

Friedhelm Heitmann

1 Statistik - Spannweite und Zentralwert

Die Statistik erfasst Sachverhalte zahlenmäßig. In der Statistik kommen unter anderem die beiden Begriffe Spannweite und Zentralwert vor.

Spannweite: Mit der Bezeichnung Spannweite ist der Unterschied (= Differenz) zwischen dem größten und dem kleinsten Zahlenwert beim jeweiligen Sachverhalt gemeint.

z.B. *höchste Zuschauerzahl:* 18 600; *geringste Zuschauerzahl:* 2 700;
Spannweite: 18 600 - 2 700 = 15 900

Zentralwert: Als Zentralwert (= Medien) wird der Wert bezeichnet, der in der Mitte der nach der Größe geordneten Werte liegt. Sofern die Anzahl der Werte eine gerade Zahl ist, ist der Zentralwert der Mittelwert der beiden in der Mitte befindlichen Werte.

z.B. 15 €, 18 €, 19 €, 20 €, 23 €;
→ *19 € = Zentralwert (Beispiel für die ungerade Anzahl an Daten)*

42 m, 44 m, 45 m, 49 m, 52 m, 55 m
→ *45 m + 49 m = 94 m : 2 = 47 m (Beispiel für die ungerade Anzahl an Daten)*

Hinweis: Angebracht ist es, besonders dann den Zentralwert zu bestimmen, wenn bei den Daten erheblich abweichende Werte bestehen.

Aufgabe 1: *Ordne die genannten Ballwurfweiten der Größe nach in einer Rangliste und berechne die Spannweite der Werte.*
38 m; 45 m; 51 m; 42 m; 30 m; 46 m; 34 m; 40 m

Rangliste:

Spannweite:

Aufgabe 2: *Ordne die genannten Laufzeiten der Größe nach in einer Rangliste und bestimme den Zentralwert der Werte.*
9,2 sek; 10,1 sek; 9,8 sek; 11,3 sek; 10,5 sek; 8,9 sek; 11,1 sek; 10,2 sek; 9,0 sek

Rangliste:

Zentralwert:

Aufgabe 3: *Ordne die genannten Weitsprungweiten der Größe nach in einer Rangliste und bestimme den Zentralwert der Werte.*
3,50 m; 4,08 m; 3,25 m; 3,76 m; 4,02 m; 3,28 m; 4,37 m; 3,98 m; 4,41 m; 3,84 m

Rangliste:

Zentralwert:

2 Modalwert

In der Statistik wird auch der Begriff Modalwert (auch "Modus" genannt) benutzt. Der Modalwert ist in einer Übersicht von Daten, die oft eine Häufigkeitstabelle ist, der Wert, der am häufigsten vorkommt. Nur wenn viele Daten vorliegen, gilt der Modalwert als aussagekräftig. In einer Übersicht von Daten kann es auch mehrere Modalwerte geben.

Aufgabe 1: *Wie viel beträgt jeweils der Modalwert?*

a) *Das Alter der Spielerinnen eines Fußballteams:*

Alter in Jahren	18	19	20	21	22	23	24	25	26	27	28	29	30
Anzahl der Spielerinnen	3	2	1	2	5	2	0	3	2	0	2	1	1

Modalwert: ______________________________

b) *Die Fehlerzahlen von Schülerinnen und Schülern bei einem Diktat:*

3 Fehler, 1 Fehler, 8 Fehler, 3 Fehler, 9 Fehler, 4 Fehler, 6 Fehler, 4 Fehler, 3 Fehler, 8 Fehler, 4 Fehler, 0 Fehler, 2 Fehler, 5 Fehler, 3 Fehler, 4 Fehler, 5 Fehler, 4 Fehler, 1 Fehler, 1 Fehler, 4 Fehler, 2 Fehler, 4 Fehler, 7 Fehler, 2 Fehler

Modalwert: ______________________________

c) *Die Punktspielergebnisse eines Fußballteams während einer Saison:*

0:0, 3:2, 1:3, 4:1, 2:1, 2:2, 0:1, 0:1, 2:1, 4:3, 2:1, 1:2, 5:2, 3:3, 1:0, 2:0, 2:1, 0:3, 2:1, 3:2, 1:1, 2:0, 2:1, 1:2, 3:1, 2:0, 2:3, 2:1, 4:0, 0:1

Modalwert: ______________________________

d) *Gäste in einem Restaurant:*

10-11 Uhr: 12 Gäste; 11-12 Uhr: 19 Gäste; 12-13 Uhr: 32 Gäste;
13-14 Uhr: 25 Gäste; 14-15 Uhr: 17 Gäste; 15-16 Uhr: 15 Gäste;
16-17 Uhr: 18 Gäste; 17-18 Uhr: 22 Gäste; 18-19 Uhr: 25 Gäste;
19-20 Uhr: 32 Gäste; 20-21 Uhr: 21 Gäste; 21-22 Uhr: 16 Gäste;
22-23 Uhr: 13 Gäste; 23-24 Uhr: 8 Gäste

Modalwert: ______________________________

KOHL VERLAG Statistik und Wahrscheinlichkeitsrechnung ... kinderleicht erlernen – Bestell-Nr. 11 661

3 Boxplots

Manchmal werden sogenannte Boxplots erstellt, um einen besseren Überblick über die Verteilung von vorliegenden Werten zu bekommen und zu vermitteln. Das Wort Boxplot kommt aus der englischen Sprache und lässt sich mit "Kastenschaubild" übersetzen.

Beispiel eines Boxplots:

Anzahl der Telefonanrufe in einem Büro an 10 Arbeitstagen: 23, 28, 34, 36, 42, 44, 46, 49, 52, 55 Anrufe

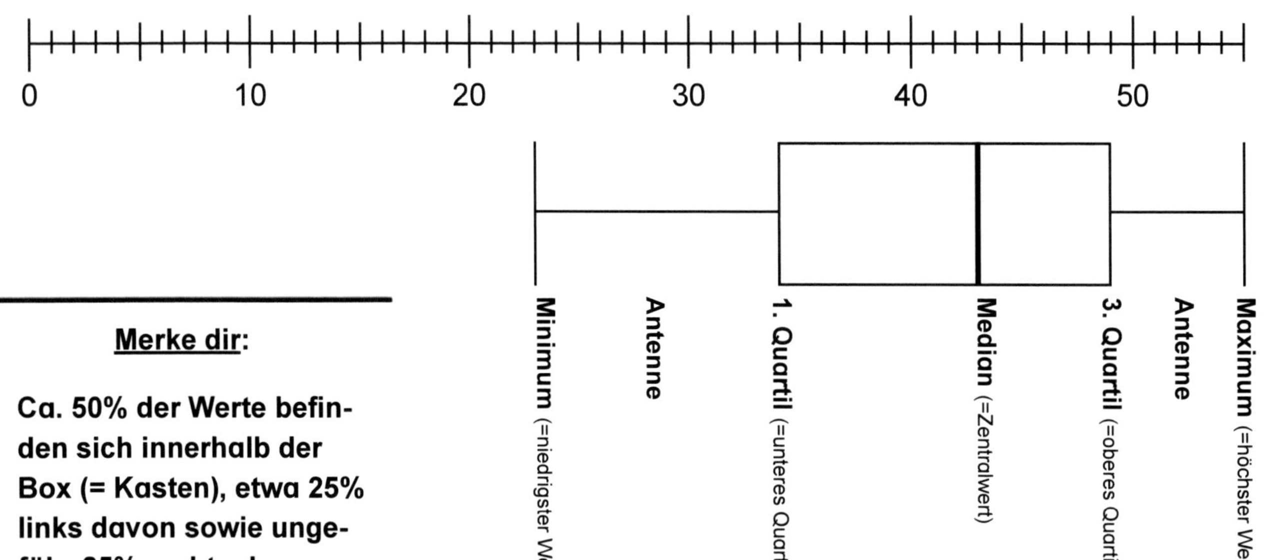

Merke dir:

Ca. 50% der Werte befinden sich innerhalb der Box (= Kasten), etwa 25% links davon sowie ungefähr 25% rechts davon.

Erstellung eines Boxplots:

- **Bestimmung des Minimums (= niedrigster Wert) und des Maximums (= höchster Wert)**;
  Minimum im Beispiel: 23 Anrufe;
  Maximum im Beispiel: 55 Anrufe;

- **Bestimmung des Medians (= Zentralwert), der in der Mitte der geordneten Werte liegt;**
  Median im Beispiel: 43 Anrufe, denn in der Mitte liegen 2 Werte (42 und 44), deshalb $\frac{42 + 44}{2} = 43$

- **Bestimmung der Quartile q_u (1. Quartil) und q_o (3. Quartil),**
  nach der Formel $q_u = n \cdot \frac{1}{4}$ bzw. $q_o = n \cdot \frac{3}{4}$
  Es gilt: n = die Gesamtanzahl der Einzelmessungen, also die Stichprobengröße. Die Ergebnisse für q_u und q_o geben grundsätzlich die entsprechenden Plätze in der Rangliste an. Wir unterscheiden:
  a) Das Ergebnis ist eine Dezimalzahl.
  In diesem Fall wird das Ergebnis generell aufgerundet.
  Bsp.: q_o = 3,2 wird auf 4 aufgerundet.
  b) Das Ergebnis ist ganzzahlig.
  In diesem Fall wird aus dem errechneten Rangplatz und dem unmittelbar folgenden Rangplatz der Mittelwert errechnet.
  Bsp.: Wenn q_u = 5, dann wird aus den Werten des 5. und 6. Rangplatzes der Mittelwert gebildet.

Boxplots

Das Alter der einzewlnen Personen in einer Reisegruppe, die aus insgesamt 17 Personen besteht:

18 Jahre; 18 Jahre; 19 Jahre; 25 Jahre; 27 Jahre; 28 Jahre; 31 Jahre; 33 Jahre; 34 Jahre; 38 Jahre; 40 Jahre; 44 Jahre; 46 Jahre; 48 Jahre; 50 Jahre; 52 Jahre; 58 Jahre

Aufgabe 1: Bestimme bezogen auf das Alter der 17 Personen das Minimum, das Maximum, den Median, das 1. Quartil (= unteres Quartil) und das 3. Quartil (= oberes Quartil). Zeichne anschließend den Boxsplot.

a) Minimum: **b)** Maximum: **c)** Median:

d) 1. Quartil q_u:

e) 3. Quartil q_o:

f) Boxplot:

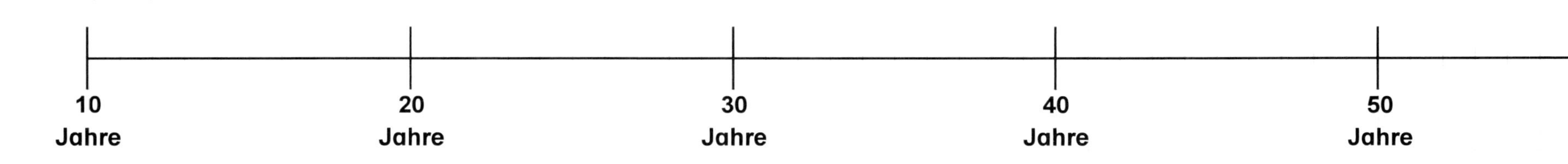

4 Vierfeldertafeln

In der Statistik werden zahlenmäßige Angaben über 2 Merkmale (z.B. Mädchen und Jungen) mit jeweils 2 Merkmalsausprägungen (z.B. liest gerne - liest nicht gerne) oft in Vierfeldertafeln erfasst und dargestellt.

Beispiel: *Die Ergebnisse einer Befragung in einer Schulklasse*

Personen	**lesen gerne**	**lesen nicht gerne**	**Summen**
Mädchen	8	3	11
Jungen	4	10	14
Summen	**12**	**13**	**25**

Im Inneren der Vierfeldertafeln bestehen 4 Felder mit ermittelten Daten. In den Randfeldern rechts und unten sind die Summen der jeweiligen Daten registriert, rechts unten die Gesamtsumme.

Aufgabe 1: *Ergänze in den folgenden Vierfeldtafeln die fehlenden Zahlen.*

a)

Personen	**tanzen gerne**	**tanzen nicht gerne**	**Summen**
Mädchen	12		**14**
Jungen		7	
Summen			**28**

b)

Personen	**mögen Fußball**	**mögen Fußball nicht**	**Summen**
Mädchen			**15**
Jungen		9	
Summen	**34**		**50**

c)

Personen	**rauchen**	**rauchen nicht**	**Summen**
Frauen	19		**46**
Männer		31	
Summen	**42**		

5 Mittelwert

Der Mittelwert (= arithmetisches Mittel) lässt sich auch als Durchschnittswert bezeichnen. Bei der Berechnung des Mittelwertes werden zunächst die Zahlenwerte addiert. Anschließend wird die Summe davon durch die Anzahl der Zahlenwerte dividiert.

Beispiel: Ein Schüler erhält in den Mathematikarbeiten die Noten 3, 4, 3, 2 und 2.

Berechnung des Mittelwertes: 3 + 4 + 3 + 2 + 2 = 14

14 : 5 = **2,8**
10
 40
 40
  0

Aufgabe 1: *An einer Messstation wurden im Laufe eines Tages folgende Temperaturen gemessen: 6 Uhr: 13°C, 12 Uhr: 19°C, 18 Uhr: 15°C, 24 Uhr: 9°C*
Wie viel Grad Celsius betrug den Messwerten zufolge an diesem Tag die Durchschnittstemperatur?

Aufgabe 2: *In einem Geschäft wurden am Montag 12 Smartphones, am Dienstag 18, am Mittwoch 13, am Donnerstag 25, am Freitag 21 sowie am Samstag 19 Smartphones verkauft.*
Wie viele Smartphones wurden in dieser Woche durchschnittlich pro Tag verkauft?

Aufgabe 3: *Der Klassenspiegel einer Mathematikarbeit:*

Zensuren	Note 1	Note 2	Note 3	Note 4	Note 5	Note 6
Anzahl der Schüler	1	3	6	8	4	0

KOHL VERLAG Statistik und Wahrscheinlichkeitsrechnung ... kinderleicht erlernen – Bestell-Nr. 11 661

6 Säulendiagramme

Statistische Angaben (Daten) lassen sich unter anderem in Diagrammen (= Schaubilder) darstellen, z.B. in Säulendiagrammen.

Aufgabe 1: *Was besagt das Säulendiagramm? Aus wie vielen Schülern besteht die Klasse? In welchem Monat haben die meisten Schüler Geburtstag? In welchem Monat hat kein Schüler Geburtstag? Schreibe in dein Heft.*

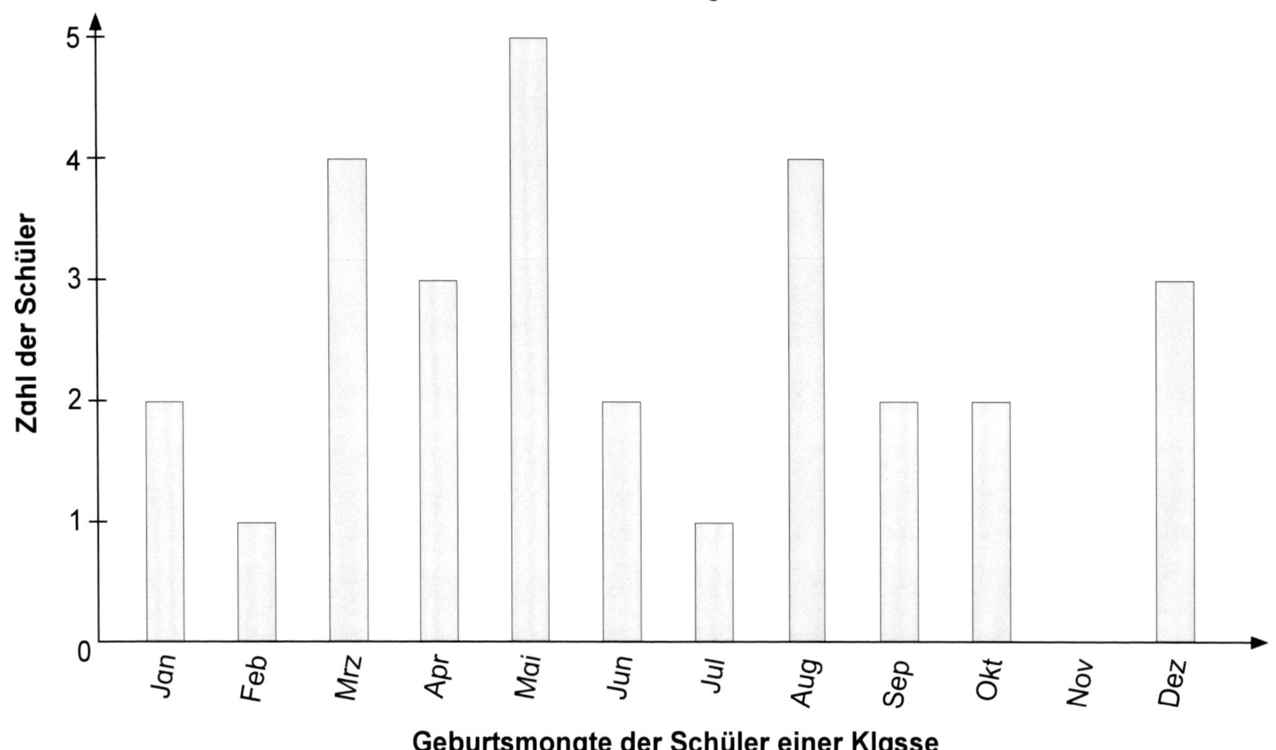

Geburtsmonate der Schüler einer Klasse

Aufgabe 2: *Vervollständige das folgende Säulendiagramm mit den Ergebnissen einer Schülerbefragung: Bei einer Befragung kam heraus: 7 Schüler besitzen Hunde, 6 Schüler Katzen, 9 Schüler Vögel, 5 Schüler andere Haustiere, 8 Schüler keine Haustiere.*

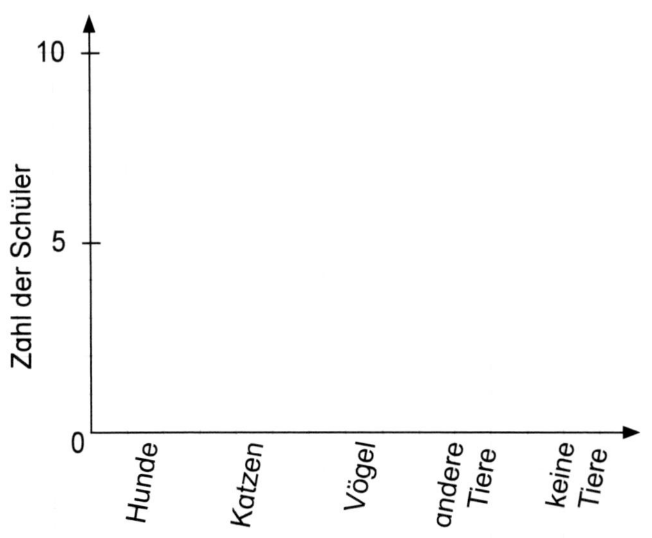

Aufgabe 3: *Die Schüler der Klasse nehmen an einem Sportfest teil. Dabei erhielten:*

3 Mädchen eine Ehrenurkunde,
5 Mädchen eine Siegerurkunde,
6 Mädchen eine Teilnehmerurkunde,
4 Jungen eine Ehrenurkunde,
6 Jungen eine Siegerurkunde,
5 Junge eine Teilnehmerurkunde,

Erstelle ein Säulendiagramm zu den Ergebnissen des Sportfestes.

7 Balkendiagramme

Balkendiagramme ähneln den Säulendiagrammen. Sie unterscheiden sich dadurch: Bei Säulendiagrammen werden Daten durch senkrechte Säulen dargestellt, bei Balkendiagrammen durch waagerecht verlaufende Balken.

Aufgabe 1: *Beispiel für ein Balkendiagramm:*
Die Zuschauerzahlen bei den 9 Spielen der 1. Fußballbundesliga an einem Wochenende: Wie groß war die Spannweite der Zuschauerzahlen bei den 9 Spielen? Wie viel betrug der Mittelwert? Schreibe in dein Heft.

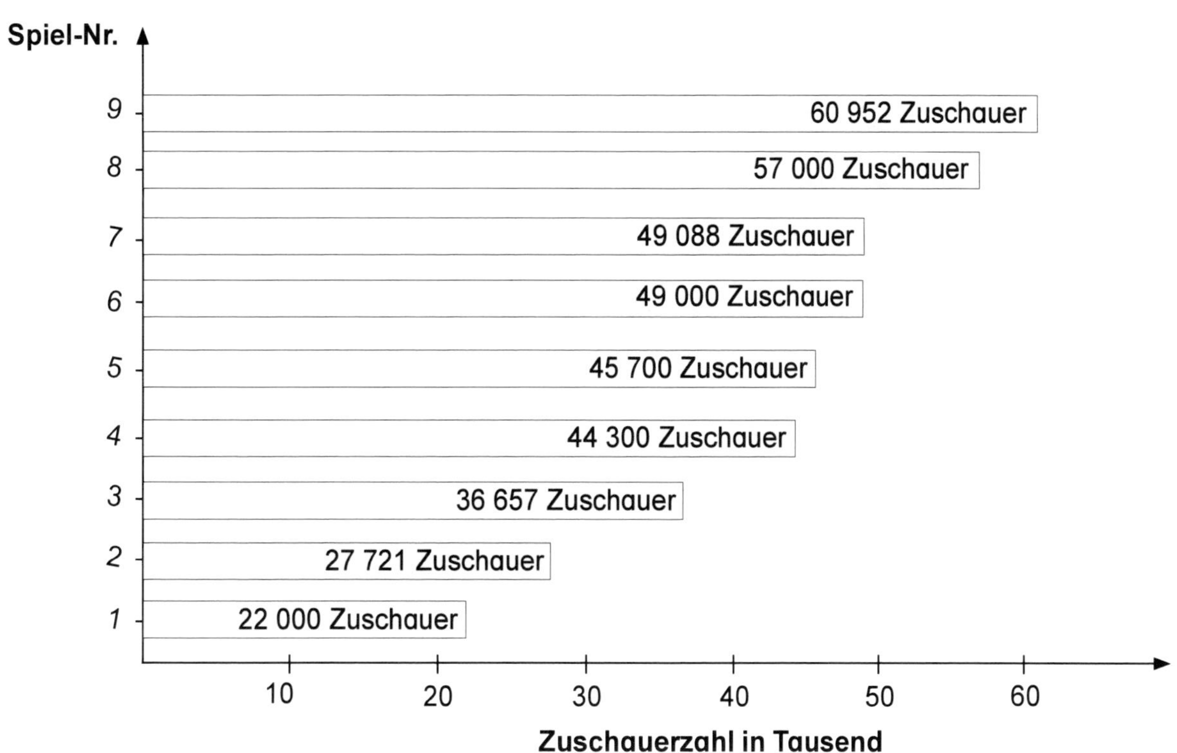

Aufgabe 2: *Am nächsten Wochenende gab es bei den 9 Spielen der 1. Fußball-Bundesliga folgende Zuschauerzahlen (nach offiziellen Angaben der Vereine):*

43 200; 24 519; 71 000; 42 100; 23 200; 28 211; 25 503; 80 645; 37 920

a) Stelle die genannten Zuschauerzahlen in einem Balkendiagramm dar. Dabei sollen die Zuschauerzahlen der Größe nach angeführt werden (von groß nach klein). Der Maßstab soll sein: 2 cm sollen 10 000 Zuschauern entsprechen. Schreibe in dein Heft.

b) Berechne nun die Spannweite und den Mittelwert der Zuschauerzahl. Schreibe in dein Heft.

KOHL VERLAG Statistik und Wahrscheinlichkeitsrechnung ... kinderleicht erlernen – Bestell-Nr. 11 661

8 Liniendiagramme

Liniendiagramme (= Kurvendiagramme) eignen sich sehr gut, um Entwicklungen über einen Zeitraum zu veranschaulichen.

Aufgabe 1: *Beispiel für ein Liniendiagramm:*
Durchschnittstemperaturen eines Ortes im Laufe eines Jahres. Nenne Informationen, die sich aus dem Schaubild entnehmen lassen.

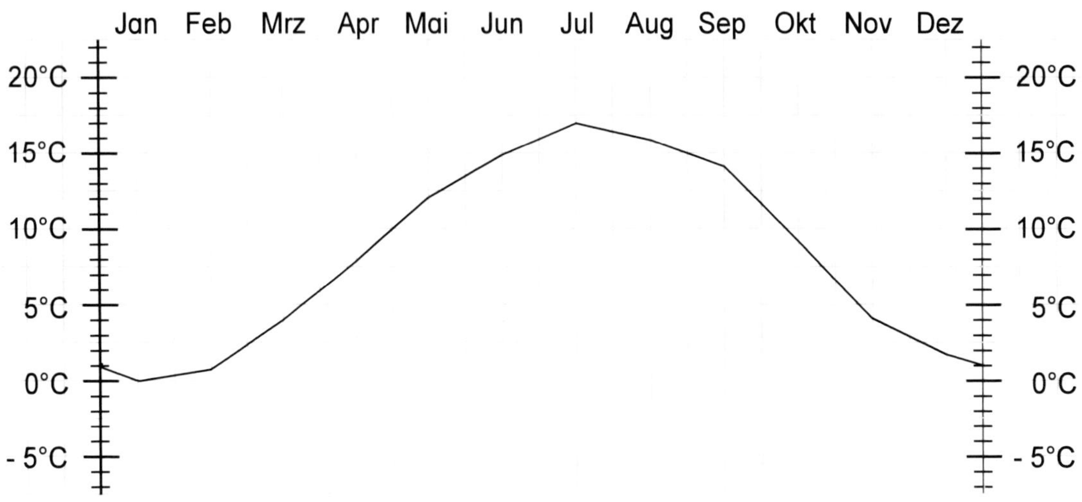

Aufgabe 2: *Zeige die Entwicklung der Einwohnerzahl einer Kleinstadt als Liniendiagramm auf.*

Jahr 1945: 8 213 Einwohner
Jahr 1955: 7 598 Einwohner
Jahr 1965: 7 321 Einwohner
Jahr 1975: 8 875 Einwohner
Jahr 1985: 10 467 Einwohner
Jahr 1995: 12 381 Einwohner
Jahr 2005: 14 608 Einwohner
Jahr 2015: 15 500 Einwohner

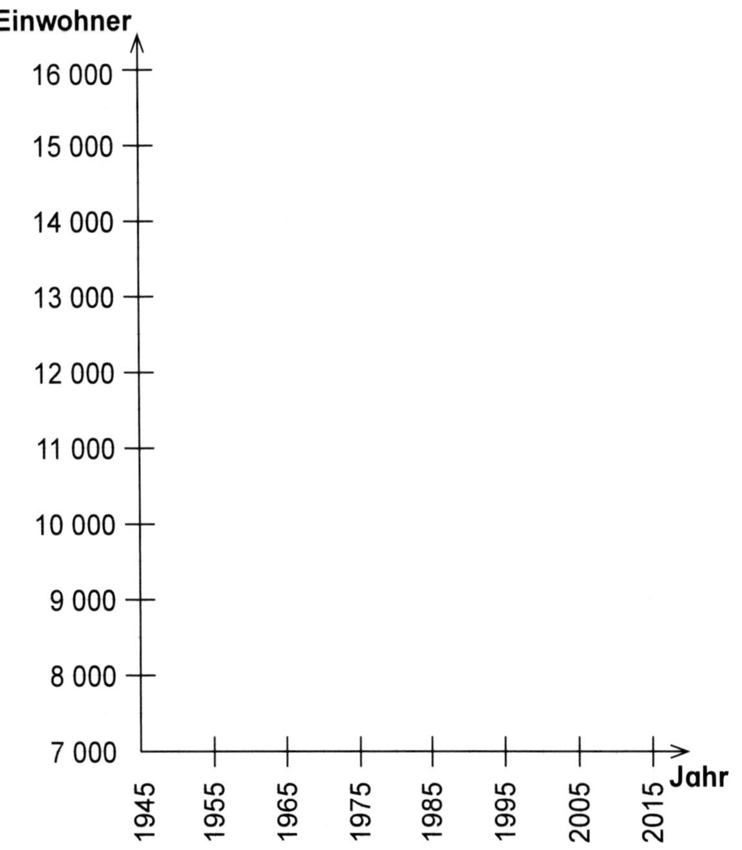

9 Kreisdiagramme

Der jeweilige Anteil am Ganzen kann in Kreisdiagrammen verdeutlicht werden. Dabei wird der Kreis entsprechend der relativen (evtl. prozentualen) Häufigkeit in Kreisausschnitten (= Kreissektoren) aufgeteilt.

Beispiel: *Umfrage in einer Schule "Wie kommen die Schüler zur Schule?"*

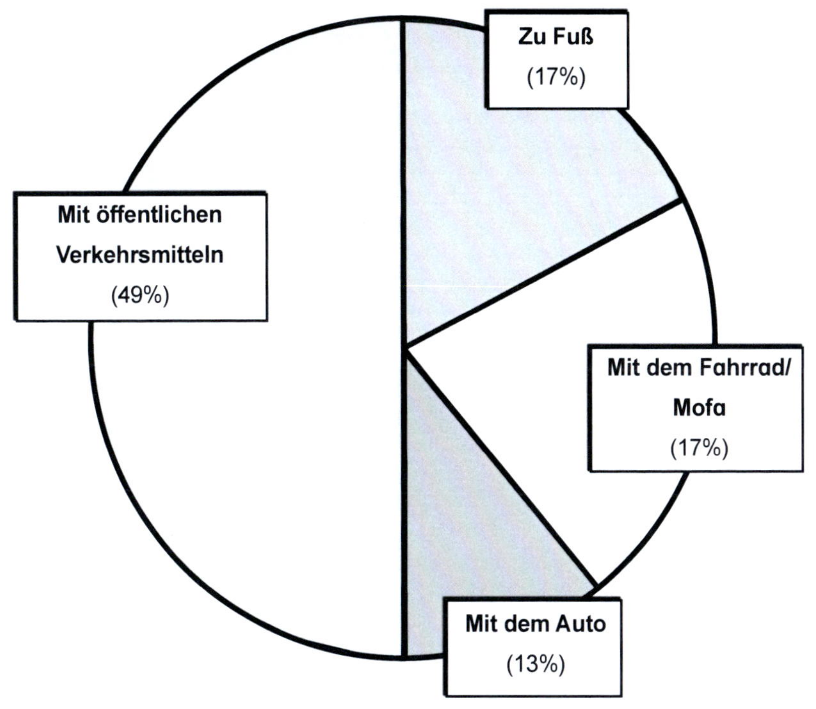

Hinweis: *Bei Kreisdiagrammen entspricht 1% einem Mittelpunktswinkel von 3,6°. Der Vollkreis hat einen Winkel von 360°*
360 : 100 = 3,6

Aufgabe 1: *Erstelle ein Kreisdiagramm zu den Ergebnissen einer Schülerbefragung zur Frage „Was ist dein liebstes Hobby?".*

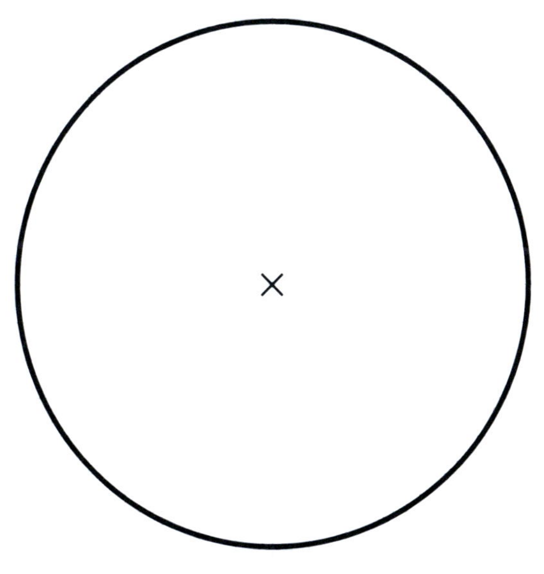

Sport: 35%;

Computer: 32%;

Musik: 16%;

Lesen: 9%;

Sonstiges: 8%

10 Daten zum Parlament X Y

Wahlen brachten das Ergebnis, dass 4 Parteien im Parlament XY vertreten sind - und zwar die Partei: ABC durch 88 Abgeordnete, die Partei DEF durch 110 Abgeordnete, die Partei GHI durch 125 Abgeordnete und die Partei JKL durch 77 Abgeordnete.

Aufgabe 1: **a)** *Berechne jeweils den Prozentsatz, mit dem die 4 Parteien im Parlament vertreten sind.*

b) *Teile den anschließenden Halbkreis so in 4 Sektoren auf, dass diese möglichst genau die Prozentsätze der Parteien wiedergeben. Beginne dabei links mit der Partei mit den meisten Abgeordneten und gehe so von größter Anzahl an Abgeordneten bis zur kleinsten Anzahl an Abgeordneten vor. Schreibe die Prozentzahl und den dazugehörigen Winkel in jeden Sektor.*

Hinweis: *1% ≙ 1,8°*

Lösungshilfe:
Die Prozentsätze lassen sich mit der Prozentsatz-Formel berechnen: Per Dreisatz oder mit dem

$$\text{Prozentsatz (Ps)} = \frac{100\% \cdot \text{Prozentwert (Pw)}}{\text{Grundwert (Gw)}}$$

11 Streifendiagramme

Auch in Streifendiagrammen lassen sich gut Anteile am Ganzen veranschaulichen. Streifendiagramme (= Blockdiagramme) empfehlen sich sehr zur Verdeutlichung von Prozentsätzen. Dabei entspricht 100% der gesamten Länge des Streifens.

Aufgabe 1: *Beispiel für ein Streifendiagramm:*
Lieblingsfarben – Ergebnisse einer Schülerbefragung:

Rot	**Grün**	**Gelb**	**Blau**	**Andere**
32%	24%	19%	13%	12%

Was sagt das Streifendiagramm aus?

Aufgabe 2: *4 Teams bewarben sich in einer Schule um den Posten als Schulsprecher. Bei den Wahlen erhielt das Team A 43% der gültigen Stimmen, das Team B 17%, das Team C 11% und das Thema D 29%. Zeichne die Stimmenanteile der 4 Teams als Streifendiagramm! Wähle die Länge des Streifens sinnvoll.*

Aufgabe 3: *Welche 4 Prozentsätze werden im folgenden Streifendiagramm dargestellt?*

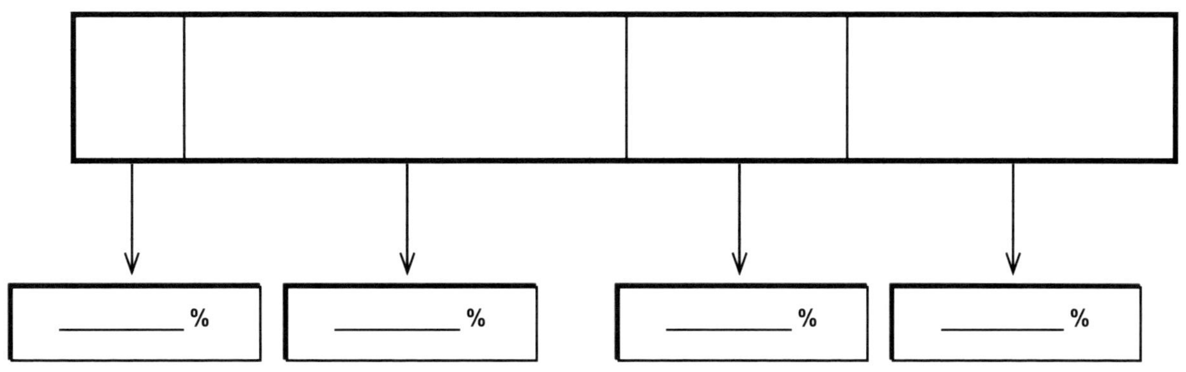

12 Bilddiagramme

In Bilddiagrammen werden Zahlen durch geeignete, allgemeinverständliche Zeichen (= Symbole) bildhaft dargestellt. Die Anzahl der Zeichen oder deren Göße entspricht einer bestimmten Zahl. Die Bedeutung der Zeichen wird am Seitenrand der Bilddiagramme oder unterhalb kurz erklärt.

Aufgabe 1: *Notiere, was das Bilddiagramm darstellt.*

5 benachbarte Dörfer im Vergleich

Dorf A

Dorf B

Dorf C

Dorf D

Dorf E

Zeichenerklärung: = 10 Häuser; = 5 Häuser;

____

____

____

____

Aufgabe 2: *In 5 Dörfern wohnen: Dorf A ca. 400 Personen, Dorf B ca. 200 Personen, Dorf C ca. 750 Personen, Dorf D ca. 450 Personen, Dorf E ca. 550 Personen. Stelle die ungefähren Einwohnerzahlen der 5 Dörfer als Bilddiagramm dar. Verwende das Symbol , das stellvertretend für 50 Einwohner gelten soll.*

13 Auswerten von Diagrammen

Je jünger, umso kirchenferner! Die Anteile der Kirchenmitglieder in Deutschland, die sich der Kirche verbunden fühlen, nach Altersgruppen, Angaben in %.

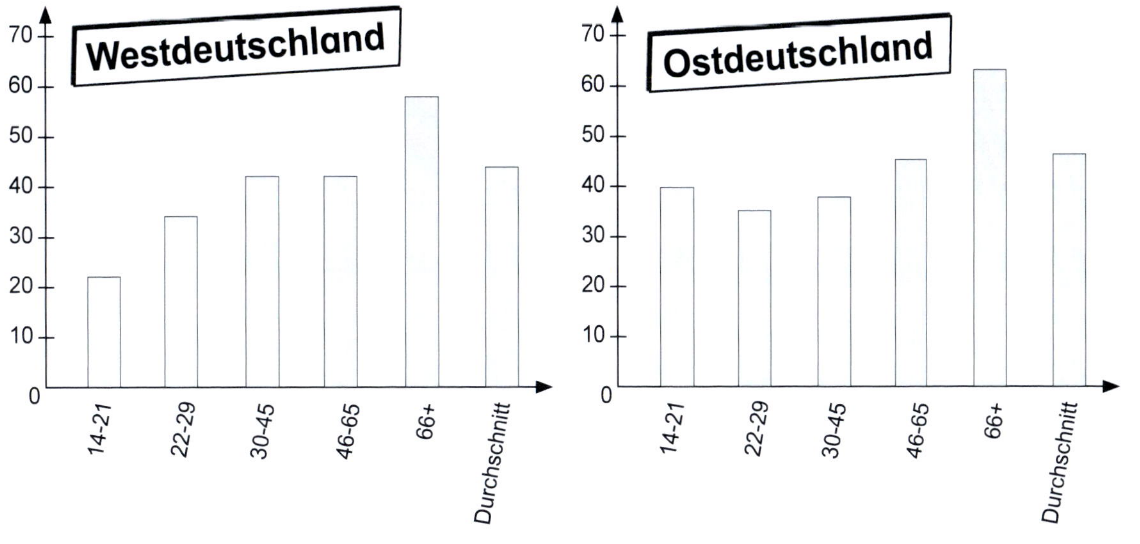

Gründe für den Kirchenaustritt: Konfessionslose, die aus der Kirche ausgetreten sind.
1 = Ablehnung, 7 = starke Zustimmung

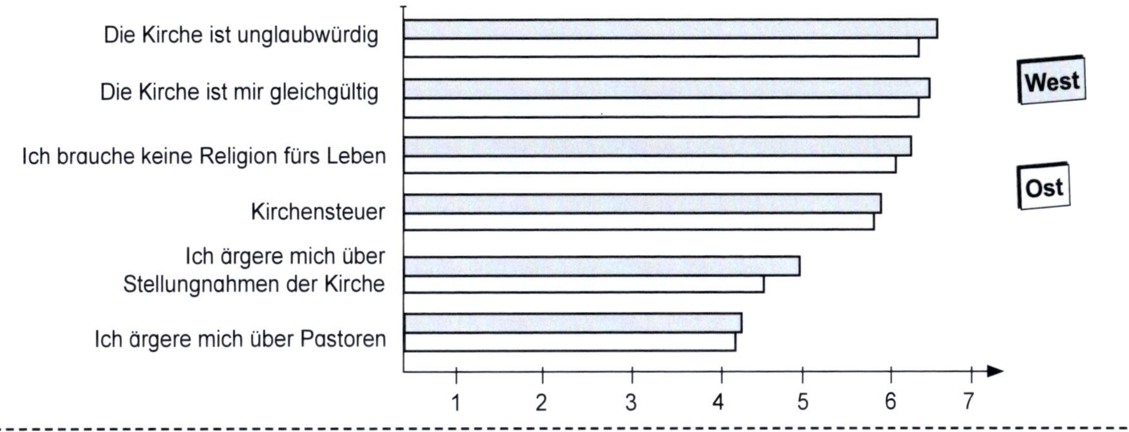

Menschen, mit denen Kirchenmitglieder in den letzten 2 Monaten über religiöse Themen gesprochen haben (in %).

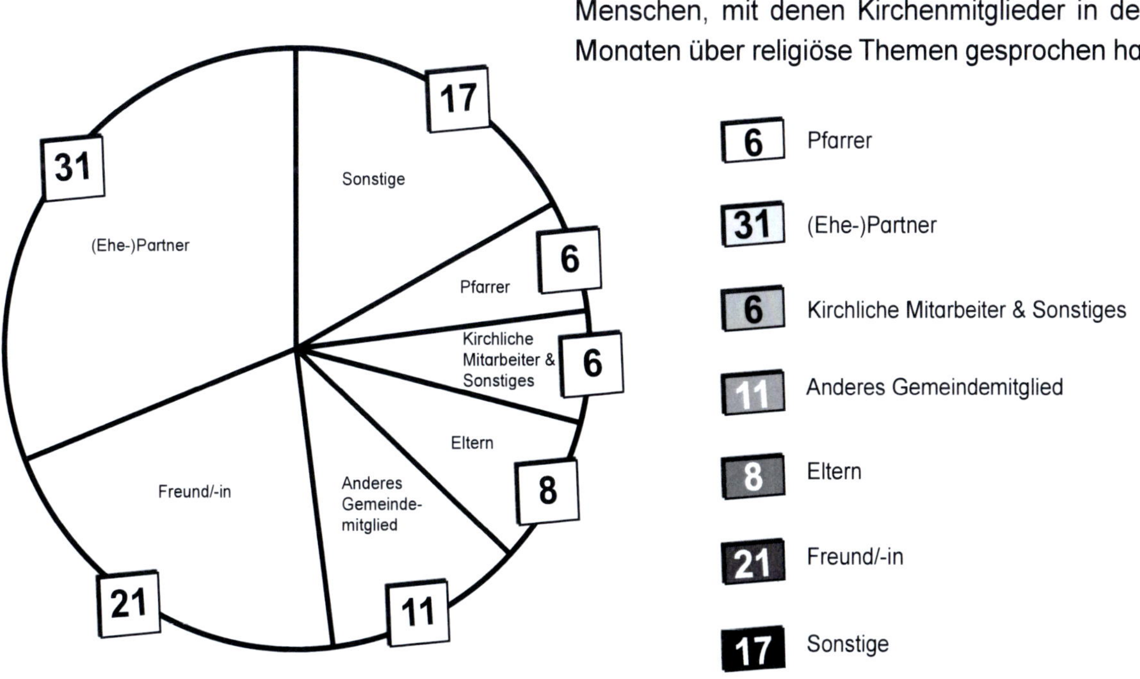

6 Pfarrer

31 (Ehe-)Partner

6 Kirchliche Mitarbeiter & Sonstiges

11 Anderes Gemeindemitglied

8 Eltern

21 Freund/-in

17 Sonstige

13 Auswerten von Diagrammen

Auswerten der 3 Diagramme

Aufgabe 1: *Um welche Arten von Diagrammen handelt es sich? Was sagen sie aus?*

Diagramm 1: ______________________________

____

____

____

____

Diagramm 2: ______________________________

____

____

____

____

Diagramm 3: ______________________________

____

____

____

____

Diagramm 4: ______________________________

____

____

____

____

14 Mittelwertlinien

Wie berechne ich den Mittelwert?

In Diagramme lassen sich Mittelwertlinien einzeichnen.

Beispiel:

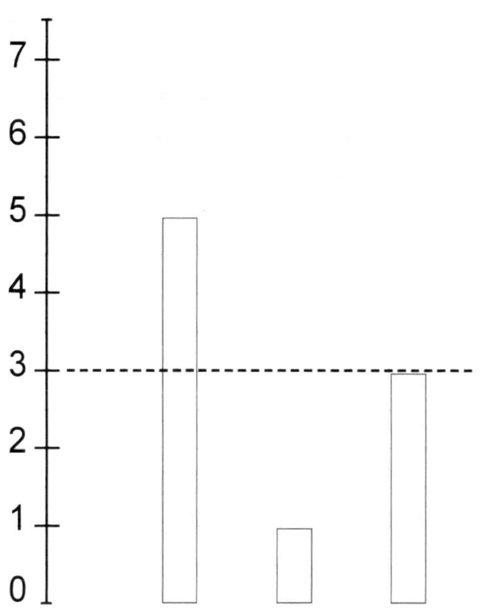

Berechnung des Mittelwertes:

$$\text{Mittelwert} = \frac{5+1+3}{3}$$

$$\text{Mittelwert} = \frac{9}{3}$$

Mittelwert = 3

Aufgabe 1: *Berechne (im Heft) jeweils den Mittelwert und zeichne die Mittelwertlinie ein.*

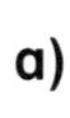

a)

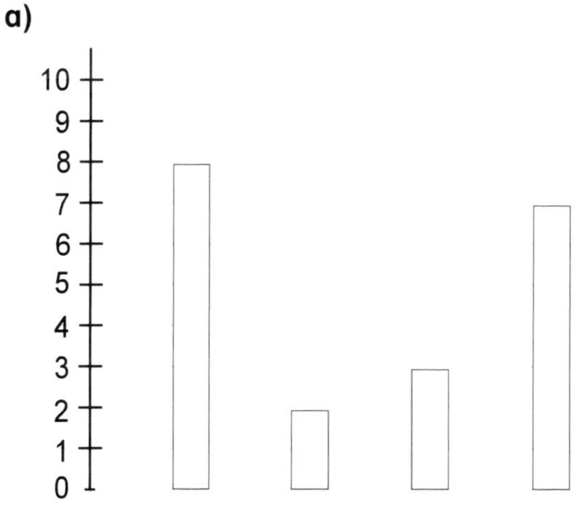

b)

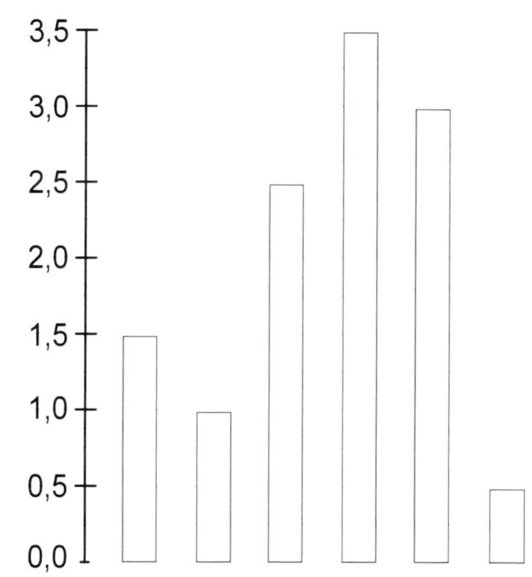

c)

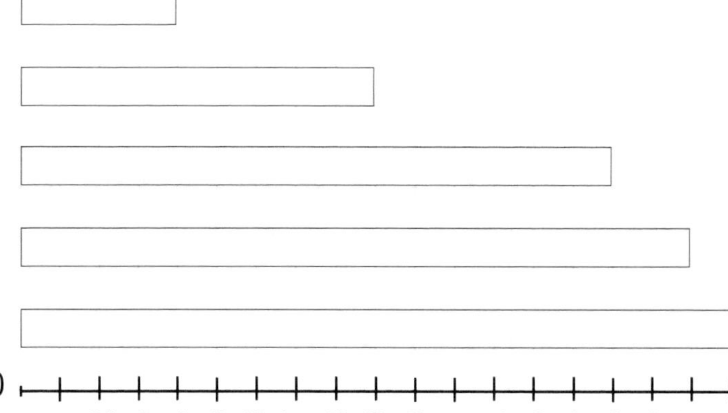

KOHL VERLAG Statistik und Wahrscheinlichkeitsrechnung ... kinderleicht erlernen – Bestell-Nr. 11 661

15 Mittelwert und mittlere Abweichung

Beispiel:

Ein Jugendlicher schafft beim Kegeln, im 1. Wurf 7 Kegel, im 2. Wurf 6 Kegel, im 3. Wurf 8 Kegel, im 4. Wurf 7 Kegel und im 5. Wurf 8 Kegeln umzuwerfen.

Der Mittelwert wird berechnet, indem man die Summe der einzelnen Wurfergebnisse durch die Anzahl der Würfe teilt. Also:

$$\textbf{Mittelwert} = \frac{7+6+8+7+8}{5} = \frac{36}{5} = \mathbf{7{,}2}$$

Teilt man die Summe der jeweiligen Abweichungen vom Mittelwert durch die Anzahl der Würfe, ergibt sich die mittlere Abweichung. Also:

$$\textbf{Mittlere Abweichung} = \frac{0{,}2+1{,}2+0{,}8+0{,}2+0{,}8}{5} = \frac{3{,}2}{5} = \mathbf{0{,}64}$$

Auf einem Jahrmakt schießen zwei junge Männer jeweils fünfmal auf ihre Zielscheibe.
Die Schießergebnisse:

Schütze A: 9 Ringe, 6 Ringe, 4 Ringe, 8 Ringe, 10 Ringe;
Schütze B: 7 Ringe , 9 Ringe, 10 Ringe, 4 Ringe, 7 Ringe

Aufgabe 1: *Berechne für jeden Schützen ...*

a) *... den Mittelwert seiner Schüsse.*

Schütze A: Schütze B:

b) *... die mittlere Abweichung seiner Schüsse.*

Schütze A: Schütze B:

c) *Wer hat besser geschossen? Wer hat beständiger (= konstanter) geschossen? Schreibe die Antwort in dein Heft/in deinen Ordner.*

16 Standardabweichung und mittlere Abweichung

Um die Streuung (= Varianz) von Werten aufzuzeigen, wird in der Stochastik gewöhnlich die Standardabweichung herangezogen und berechnet, nicht die mittlere Abweichung.
Die Standardabweichung wird so berechnet:

$$s = \sqrt{\frac{\text{Summe der quadratischen Abweichungen (vom Mittelwert)}}{\text{Anzahl der Werte}}}$$

Beispiel: 6 Schüler vergleichen miteinander ihr Körpergewicht. Die 6 Werte sind:
58 kg, 47 kg, 57 kg, 62 kg, 51, 49 kg
Für die Berechnung der Standardabweichung brauchen wir den Mittelwert.

$$\text{Mittelwert} = \frac{\text{Summe der Werte}}{\text{Anzahl der Werte}}$$

$$\textbf{Mittelwert} = \frac{58\text{ kg} + 47\text{ kg} + 57\text{kg} + 62\text{ kg} + 51\text{ kg} + 49\text{ kg}}{6} = \frac{324\text{ kg}}{6} = \textbf{54 kg}$$

Standardabweichung:

$$s = \sqrt{\frac{4^2+7^2+3^2+8^2+3^2+5^2}{6}} = \sqrt{\frac{16+49+9+64+9+25}{6}} = \sqrt{\frac{172}{6}} = \sqrt{28{,}\overline{6}}$$

= **Standardabweichung ≈ 5,35 kg**

Zum Vergleich berechnen wir die mittlere Abweichung:

$$\textbf{Mittlere Abweichung} = \frac{4+7+3+8+3+5}{6} = \frac{30}{6} = \mathbf{5}$$

Aufgabe 1: *Berechne jeweils die Standardabweichung und die mittlere Abweichung. Schreibe in dein Heft.*

a) 5 Mädchen bekommen im Monat unterschiedlich viel Taschengeld von ihren Eltern. Anna erhält monatlich 50 €, Bea 30 €, Christin 40 €, Daliah 25 € und Esther 35 €.

b) Eine Familie sparte 8 Monate lang Geld. Im ersten Monat 220 €, im zweiten 150 €, im dritten 300 €, im vierten 350 €, im fünften 250 €, im sechsten 280 €, im siebten 400 € und im achten Monat 450 €.

17 Absolute und relative Häufigkeit

Zwischen absoluter und relativer Häufigkeit wird in der Statistik und in der Wahrscheinlichkeitsrechnung unterschieden. Die absolute Häufigkeit gibt an, wie oft ein bestimmtes Ergebnis vorkommt. Die relative Häufigkeit zeigt an, welchen Anteil dieses Ergebnis (= Teilmenge) an der Anzahl der Gesamtmenge hat.

$$\text{Relative Häufigkeit} = \frac{\text{Anzahl der Teilmenge (= absolute Häufigkeit)}}{\text{Anzahl der Gesamtmenge}}$$

Man gibt die relative Häufigkeit als Bruch, Dezimalzahl oder in Prozent an.
Beispiel: 19 von 23 Schülern einer Klasse können schwimmen.
Absolute Häufigkeit der Schwimmer: 19
Relative Häufigkeit: $\frac{19}{23} \approx 0{,}83 \approx 83\%$
Die Schüler aus zehn Klassen einer Schule werden befragt, ob sie Mitglied in einem Sportverein sind. Berechne die relative Häufigkeit.

Klasse	**Gesamtzahl Schüler, Anteil im Sportverein**	**Relative Häufigkeit:**
Klasse 5a	24 Schüler, davon 11 in einem Sportverein;	______________
Klasse 5b	25 Schüler, davon 10 in einem Sportverein;	______________
Klasse 6a	26 Schüler, davon 12 in einem Sportverein;	______________
Klasse 6b	24 Schüler, davon 9 in einem Sportverein;	______________
Klasse 7a	21 Schüler, davon 8 in einem Sportverein;	______________
Klasse 7b	19 Schüler, davon 9 in einem Sportverein;	______________
Klasse 8a	21 Schüler, davon 7 in einem Sportverein;	______________
Klasse 8b	23 Schüler, davon 6 in einem Sportverein;	______________
Klasse 9a	22 Schüler, davon 5 in einem Sportverein;	______________
Klasse 9b	18 Schüler, davon 8 in einem Sportverein;	______________

Aufgabe 1: **a)** *Berechne je Klasse die relative Häufigkeit der Mitgliedschaft in einem Sportverein. Gib die Resultate als Dezimalzahlen an (gerundet auf 2 Stellen nach dem Komma)!*
b) *In welcher Klasse sind verhältnismäßig gesehen die meisten Schüler, die einem Sportverein angehören? Schreibe in dein Heft.*

17 Absolute und relative Häufigkeit

Eine Schule hat derzeit insgesamt 972 Schüler. Davon befinden sich die Hälfte in der Unterstufe, ein Drittel in der Mittelstufe sowie ein Sechstel in der Oberstufe.

Aufgabe 2: *Bearbeite folgende Aufgaben zur absoluten und relativen Häufigkeit.*

a) Rechne aus, wie viele Schüler in der Unter-, Mittel- und Oberstufe sind.

b) Zeige in einem Schaubild deiner Wahl (= Diagramm) die Verteilung der Schülerzahlen auf die Unterstufe, Mittelstufe und Oberstufe auf (= absolute Häufigkeit).

c) Ermittle nun den prozentualen Anteil der Unterstufen-, Mittelstufen- und Oberstufenschüler an der Gesamtschülerzahl.

d) Stelle nun das Ergebnis von c) in einem Schaubild dar.

KOHL VERLAG Statistik und Wahrscheinlichkeitsrechnung ... kinderleicht erlernen – Bestell-Nr. 11 661

17 Absolute Häufigkeit und relative Häufigkeit

Aufgabe 3: Die Tabelle zeigt die Ergebnisse einer Befragung von Schülerinnen und Schülern zum Thema: „Wie findest du das Schulfach Mathematik?":

Antworten der Schüler*innen	Anzahl der SchülerInnen	Relative Häufigkeit (in %)
Sehr gut ("1")	9	
Gut ("2")		14
Mittelmäßig ("3")	60	
Schlecht ("4")		22
Sehr schlecht ("5")	27	
Gesamtsumme:	**150**	______

a) Ergänze in der oberen Tabelle die fehlenden Zahlen.

b) Berechne den Mittelwert der Antworten.

c) Stelle zu den Antworten die absoluten Häufigkeiten der SchülerInnen in einem geeigneten Diagramm dar.

d) Veranschauliche die relativen Häufigkeiten (in %) in einem passenden Diagramm.

18 Verkehrszählung – rund um die Statistik

An einem Fußgängerüberweg (= Zebrastreifen) wird an einem Tag der Verkehr gezählt. Dies geschieht, um festzustellen, ob es eventuell notwendig erscheint, am Fußgängerüberweg eine Ampelanlage aufzustellen.

Bei der Verkehrszählung wurden gezählt:

Verkehrsmittel: / **Uhrzeiten:**	6 - 7 Uhr	7 - 8 Uhr	8 - 9 Uhr	9 - 10 Uhr	10 - 11 Uhr	11 - 12 Uhr	12 - 13 Uhr	13 - 14 Uhr	14 - 15 Uhr	15 - 16 Uhr	16 - 17 Uhr	17 - 18 Uhr	18 - 19 Uhr	19 - 20 Uhr	Summe 6 - 20 Uhr
Fußgänger	17	31	43	37	48	52	66	63	51	70	81	80	56	38	
Fahrräder	23	29	47	45	52	49	54	41	45	62	73	65	24	42	
Kraftfahrzeuge (Autos, Busse, LKWs ...)	32	43	52	67	65	73	76	68	66	72	76	82	54	48	
Krafträder (Motorräder, Mopeds, Mofas ...)	10	12	18	17	19	16	21	20	14	15	19	18	14	9	
Gesamtsumme des Verkehrs															

Aufgabe 1: **a)** *Berechne und trage die in den leeren Feldern der Tabelle fehlenden Zahlen ein.*

18 Verkehrszählung – rund um die Statistik

Aufgabe 1: **b)** *Erstelle ein Säulendiagramm, das die Entwicklung der Gesamtsumme des Verkehrs von 6 bis 20 Uhr aufzeigt. Nimm dir Bleistift und Lineal zur Hilfe.*

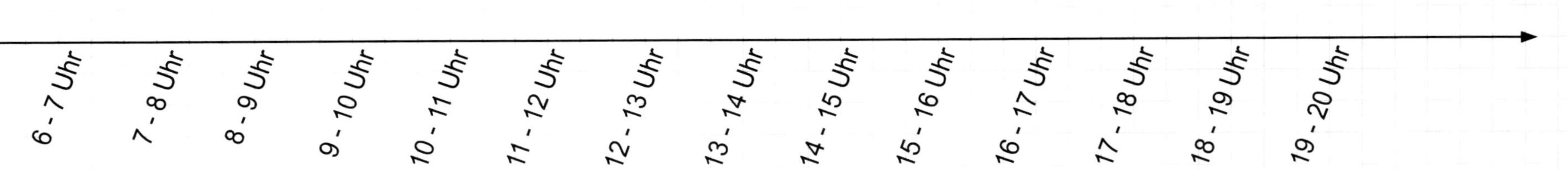

18 Verkehrszählung – rund um die Statistik

Aufgabe 1: *Löse alle Teilaufgaben.*

c) *In welchem Zeitraum war der Verkehr am stärksten?*

d) *In welchem Zeitraum war der Verkehr am geringsten?*

e) *Wie groß war die Spannweite des Verkehrs?*

f) *Berechne den Durchschnittswert des Verkehrs pro Stunde*

g) *Wie viel Prozent betrug der Anteil der Fußgänger am Gesamtverkehr in der Zeit von 6 - 20 Uhr?*

h) *Wie viel Prozent betrug der Anteil der Fahrräder am Gesamtverkehr in der Zeit von 6 - 20 Uhr?*

i) *Wie viel Prozent betrug der Anteil der Kraftfahrzeuge am Gesamtverkehr in der Zeit von 6 - 20 Uhr?*

j) *Wie viel Prozent betrug der Anteil der Krafträder am Gesamtverkehr in der Zeit von 6 - 20 Uhr?*

18 Verkehrszählung – rund um die Statistik

Aufgabe 1: *Löse alle Teilaufgaben. Erkläre deine Rechnungen und antworte in vollständigen Sätzen.*

k) *Stelle im folgenden Quadrat dar, wie groß der prozentuale Anteil der Fußgänger, Fahrräder, Kraftfahrzeuge und Krafträder am Gesamtverkehr in der Zeit von 6 - 20 Uhr war.*

l) *Stelle im folgenden Kreis dar, wie groß der prozentuale Anteil der Fußgänger, Fahrräder, Kraftfahrzeuge und Krafträder am Gesamtverkehr in der Zeit von 6 - 20 Uhr war.*

Merke: 1% = 3,6°

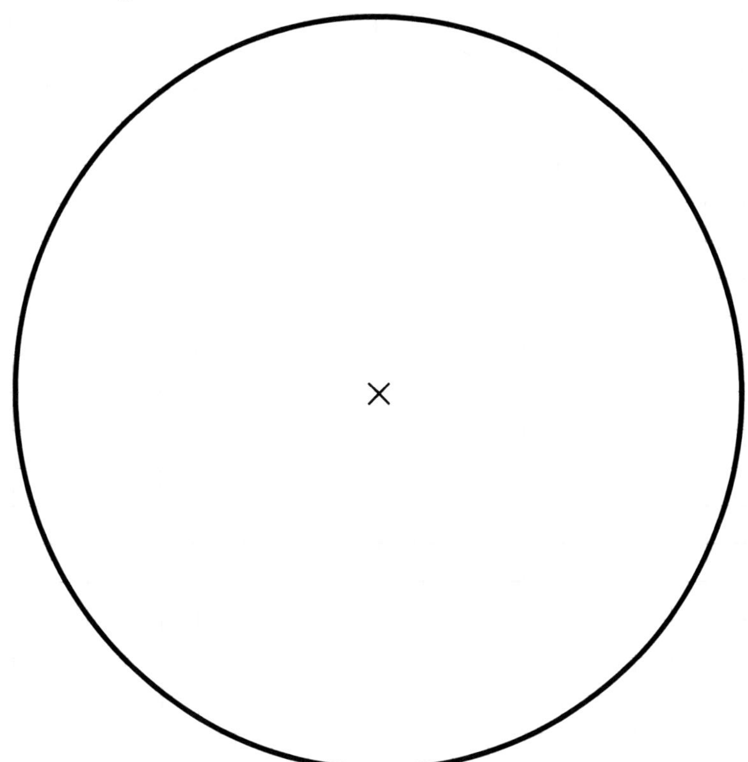

19 Fachbegriffe zum Thema Statistik

Aufgabe 1: *Was ist was? Zu jeder Zahl gehört ein passender Buchstabe. Schreibe die zusammengehörigen Paare in dein Heft.*

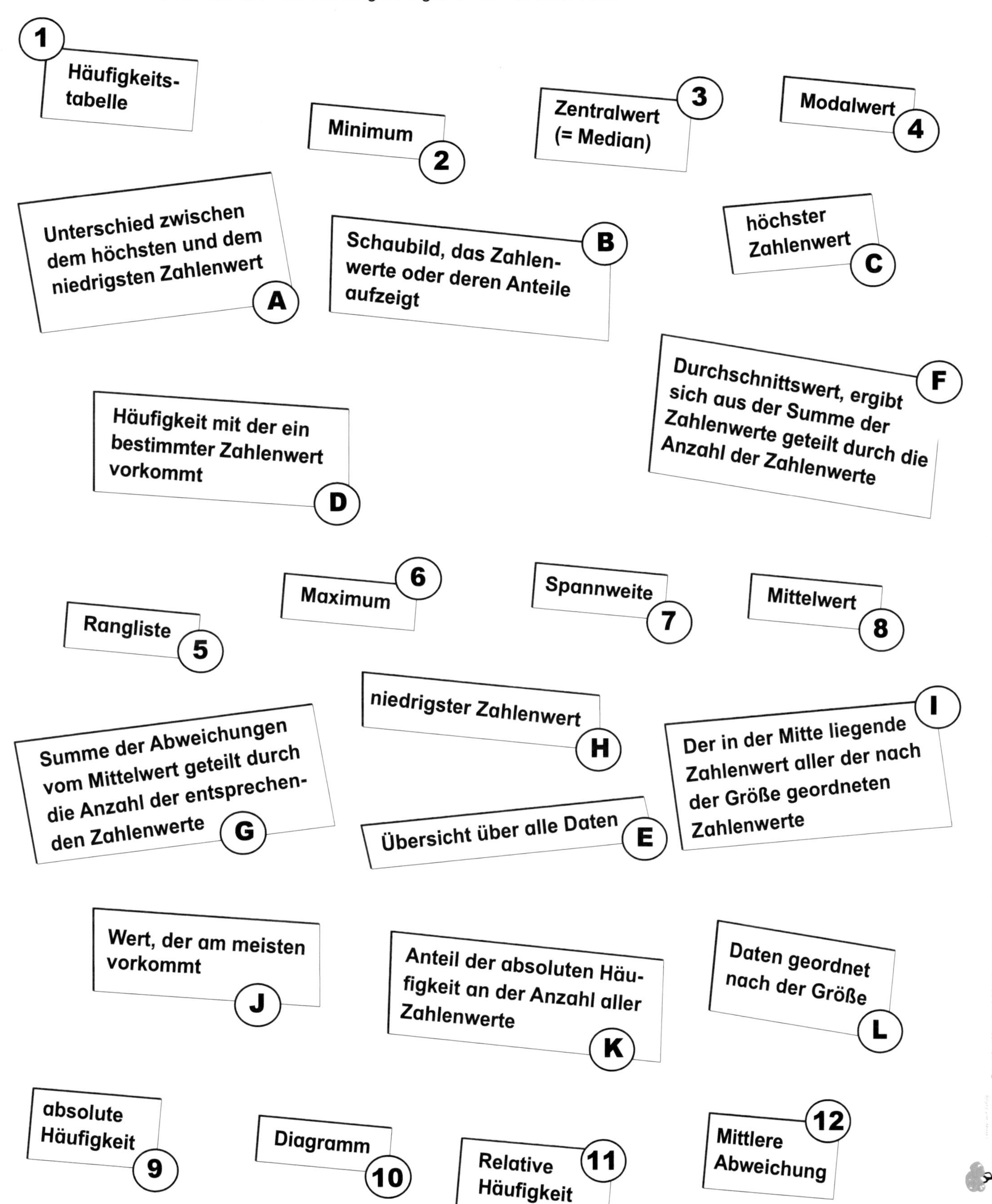

KOHL VERLAG Statistik und Wahrscheinlichkeitsrechnung ... kinderleicht erlernen – Bestell-Nr. 11 661

20 Ermittlung verschledener Größen der Statistik

Ein Mann unternimmt eine einwöchige Fahrradttour. Am ersten Tag fährt der Mann 49 km, am zweiten 73 km, am dritten 51 km, am vierten 33 km, am fünften 62 km, am sechsten 45 km und am letzten Tag fährt er noch einmal ganze 58 km.

Aufgabe 1: *Löse die Aufgaben. Achte auf einen verständlichen Rechenweg.*

a) Das Minimum der an einem Tag gefahrenen Strecke:

____

b) Das Maximum der an einem Tag gefahrenen Strecke:

____

c) Die Spannweite der an den einzelnen Tagen gefahrenen Strecken:

____

d) Der Zentralwert der an einem Tag gefahrenen Strecke:

e) Der Mittelwert der an einem Tag gefahrenen Strecke:

f) Die mittlere Abweichung vom Mittelwert der an den einzelnen Tagen gefahrenen Strecken:.

g) Der Anteil der an einem Tag am meisten zurückgelegten km im Vergleich zu den insgesamt gefahrenen km: (Angabe als Bruch, Dezimalzahl und Prozent)

21 Täuschungen durch Statistik

Aufgabe 1: *Ergänze im nachfolgenden Text die Buchstaben.*

___tatistiken können der ___irklichkeit entsprechen und ___orrekt sein. Andererseits ___ibt es aber auch welche, die ___äuschen und beeinflussen, mit anderen Worten manipulieren können. Zu Fragen gilt es: Wie sind die ___erte in der Statistik zustande gekommen? Geben die vorliegenden ___aten tatsächlich die Wirklichkeit wieder? Wer hat die betreffende ___ntersuchung, auf der das Schaubild basiert, durchgeführt beziehungsweise in Auftrag gegeben. Statistiken können täuschen, indem sie zum Beispiel nur einen Ausschnitt aus einer _________wicklung aufzeigen, jedoch nicht die gesamte Entwicklung darstellen. Aufgrund grafischer Überhöhungen oder auch Ver____________erungen können Statistiken als Diagramme verzerren. Auch sollte man sich bei Statistiken die Frage stellen, ob die Daten auch tatsächlich ausreichend und repr___sentativ genug sind, um daraus eine verallgemeinernde Schlussfolger_________ zu ziehen und dementsprechende Aussagen zu machen. Fazit: Vorsicht gegenüber Statistiken ist also durchaus angebracht. So manche Personen waren und sind gegenüber Statistiken besonders kri_________ geblieben, darunter beispielsweise der US-amerikanische Politiker F.D. Roosevelt (1882-1945): „Ich stehe Statistiken etwas _________tisch gegenüber. Denn laut Statistik haben ein Millionär und ein Armer jeder eine halbe Million." Aber auch der britische Politiker Winston Churchill (1874-1965) meinte sogar: „Vertraue keiner Statistik, die du nicht selbst gefälscht hast."

Klassenarbeit zum Thema Statistik

Name: ______________________

Datum: ______________________

Seite 1

Aufgabe 1 *Erkläre, was mit den folgenden Begriffen gemeint ist.*

Minimum **Spannweite** **Modalwert**

____

____

____

Aufgabe 2 *Gegeben sind folgende Werte:*

65 kg, 44 kg, 53 kg, 60 kg, 49 kg, 64 kg, 58 kg

a) *Erstelle eine Rangliste der genannten Werte.*
b) *Bestimme das Maximum und den Zentralwert.*
c) *Bestimme den Zentralwert.*

____

____

____

____

Aufgabe 3 *Gegeben sind folgende Werte:*

32 m, 36 m, 38 m, 40 m, 43 m, 46 m, 48 m, 52 m, 56 m

a) *Bestimme das Minimum.*
b) *Bestimme das Maximum.*
c) *Bestimme den Zentralwert.*
d) *Bestimme das 1. Quartil.*
e) *Bestimme das 3. Quartil.*

____

____

____

f) *Zeichne nun zu den Daten den sogenannten Boxplot.*

____

Klassenarbeit zum Thema Statistik

Name: ____________________

Datum: ____________________

Seite 2

Aufgabe 4

Vervollständige die Vierfeldertafel mit den fehlenden Werten.

Personen	gehen gerne ins Kino	gehen nicht gerne ins Kino	Summen
Mädchen		**5**	
Jungen	**10**		**14**
Summen			**27**

Aufgabe 5

Berechne den Mittelwert (= arithmetisches Mittel) dieser Werte.

430 €, 320 €, 510 €, 170 €, 350 €, 260 €

Aufgabe 6

Wie nennt man die einzelnen Darstellungsarten von Daten?

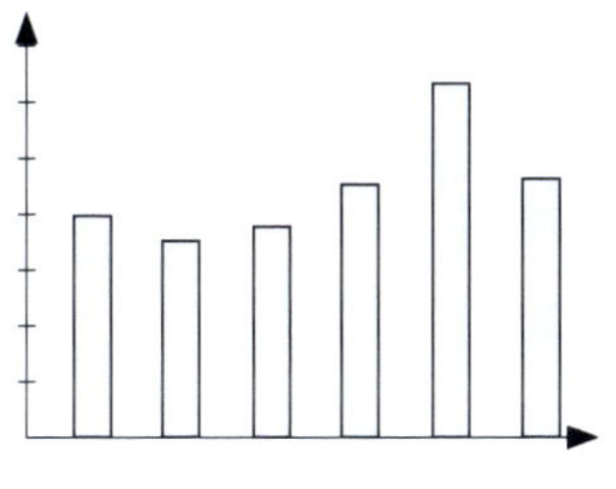

____________________ ____________________

32%	24%	19%	13%	12%

____

Aufgabe 7

Die Einwohnerzahl von 5 Städten im Vergleich: Was sagt das Diagramm aus?

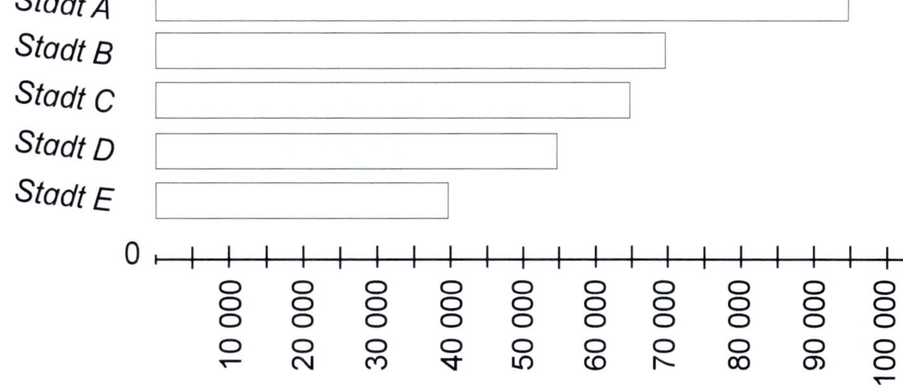

Klassenarbeit zum Thema Statistik

Name: ______________________

Datum: ______________________

Seite 3

Aufgabe 8

Stelle die Anteile 20%, 25%, 40%, 15% (= insgesamt 100%) als Kreisdiagramm dar.

Aufgabe 9

Welchen Mittelwert und welche mittlere Abweichung weisen die folgenden Werte auf?

4,20 m; 4,00 m; 4,30 m; 4,70 m; 3,80 m; 4,30 m; 4,10 m

Aufgabe 10

Die Höchsttemperatur im Ort X an 5 hintereinanderfolgenden Tagen:

7°C, 10°C, 15°C, 16°C, 12°C

Berechne die Standardabweichung der Werte.

Aufgabe 11

Zu einer Schulklasse gehören 25 Schüler, davon wohnen 9 außerhalb des Schulortes. Gib den Anteil der außerhalb des Schulortes wohnenden Schüler als Bruch, Dezimalzahl und in Prozent an.

Aufgabe 12

An einer Prüfung nahmen 80 Personen teil. Ein Viertel der Personen bestanden die Prüfung mit der Zensur "sehr gut" bzw. mit der Zensur "gut", 50% mit der Zensur "befriedigend" und ein Fünftel mit der Zensur "ausreichend". 5% der Personen bestanden die Prüfung nicht.

Erstelle eine Übersicht (Tabelle), die zum Prüfungsergebnis die absoluten Häufigkeiten sowie die relativen Häufigkeiten als Brüche und Prozentsätze aufzeigt.

Aufgabe	zu erreichende Punktzahl	erreichte Punktzahl	Summen
1	3 Punkte		
2	3 Punkte		
3	4 Punkte		
4	5 Punkte		
5	2 Punkte		
6	3 Punkte		
7	3 Punkte		
8	3 Punkte		
9	4 Punkte		
10	2 Punkte		
11	3 Punkte		
12	5 Punkte		

Insgesamt erreichte Punktzahl: ___ / *40 Punkte*

Note: ___

KOHL VERLAG Statistik und Wahrscheinlichkeitsrechnung ... kinderleicht erlernen – Bestell-Nr. 11 661

22 Zum Begriff „Wahrscheinlichkeit"

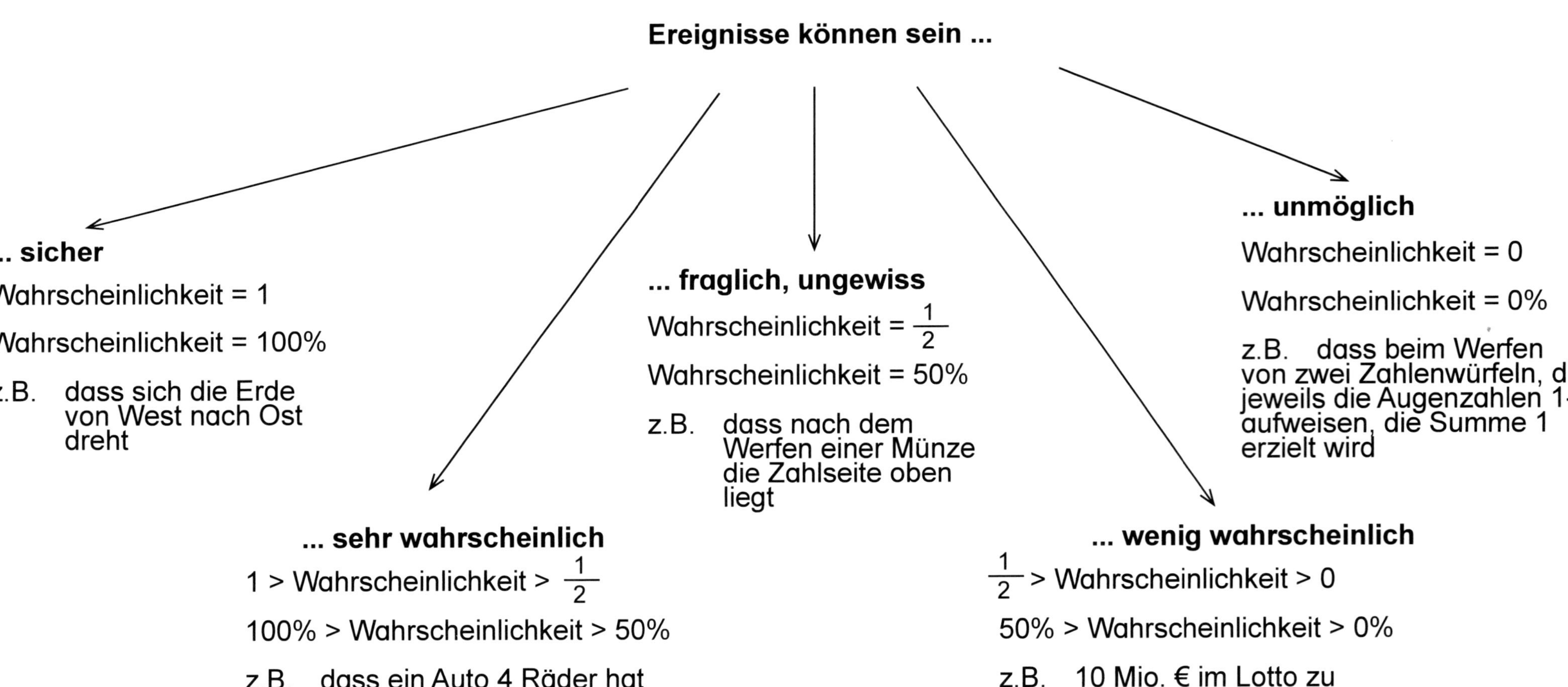

Ereignisse können sein ...

... sicher

Wahrscheinlichkeit = 1

Wahrscheinlichkeit = 100%

z.B. dass sich die Erde von West nach Ost dreht

... sehr wahrscheinlich

1 > Wahrscheinlichkeit > $\frac{1}{2}$

100% > Wahrscheinlichkeit > 50%

z.B. dass ein Auto 4 Räder hat

... fraglich, ungewiss

Wahrscheinlichkeit = $\frac{1}{2}$

Wahrscheinlichkeit = 50%

z.B. dass nach dem Werfen einer Münze die Zahlseite oben liegt

... wenig wahrscheinlich

$\frac{1}{2}$ > Wahrscheinlichkeit > 0

50% > Wahrscheinlichkeit > 0%

z.B. 10 Mio. € im Lotto zu gewinnen

... unmöglich

Wahrscheinlichkeit = 0

Wahrscheinlichkeit = 0%

z.B. dass beim Werfen von zwei Zahlenwürfeln, die jeweils die Augenzahlen 1-6 aufweisen, die Summe 1 erzielt wird

Aufgabe 1: *Notiere weitere Beispiele, die zu den einzelnen Wahrscheinlichkeitstypen zutreffend erscheinen. (In dein Heft!)*

23 Umwandlung von Wahrscheinlichkeiten

Beispiel:

Bruch	**Verhältnis**	**Dezimalzahl**	**Prozentsatz**
$\frac{1}{2}$	1:2	0,5	50%
$\frac{3}{4}$	3:4	0,75	75%

Aufgabe 1: *Wandle die anschließend genannten Wahrscheinlichkeiten um.*

Bruch	**Verhältnis**	**Dezimalzahl**	**Prozentsatz**
$\frac{1}{5}$			
$\frac{1}{10}$			
$\frac{4}{5}$			
$\frac{1}{4}$			
$\frac{1}{3}$			
$\frac{2}{3}$			
$\frac{1}{8}$			
$\frac{7}{8}$			
$\frac{31}{50}$			
$\frac{13}{20}$			

24 Wahrscheinlichkeiten beim Würfeln mit einem Würfel

Mit der Wahrscheinlichkeit wird bei Zufallsversuchen (z.B. Münzenwerfen, Würfelwurf oder Losziehung) gerechnet. Die Wahrscheinlichkeit wird als Bruch, Dezimalzahl oder Prozentsatz angegeben.

Beispiel:
Beim Werfen eine Münze beträgt die Wahrscheinlichkeit ½ (= 1:2 = 0,5 = 50%), dass die Münze auf die Zahlseite fällt. Dieselbe Wahrscheinlichkeit besteht, dass die Wappenseite oben liegenbleibt. Zur Benennung der Wahrscheinlichkeit verwendet man den Buchstaben W (= Wahrscheinlichkeit) oder P (= engl.: probability).

Aufgabe 1: *Bestimme jeweils die Wahrscheinlichkeit als Bruch, Dezimalzahl und Prozentsatz. Gewürfelt wird mit einem sechsflächigen Würfel, der die Zahlen 1-6 aufweist. Schreibe in dein Heft.*

a) *Wie groß ist die Wahrscheinlichkeit, mit diesem Würfel eine 6 zu würfeln?*

b) *Wie groß ist die Wahrscheinlichkeit, mit diesem Würfel keine 6 zu würfeln?*

c) *Wie groß ist die Wahrscheinlichkeit, mit diesem Würfel eine gerade Zahl zu würfeln?*

d) *Wie groß ist die Wahrscheinlichkeit, mit diesem Würfel eine ungerade Zahl zu würfeln?*

e) *Wie groß ist die Wahrscheinlichkeit, mit diesem Würfel eine Zahl zu würfeln, die kleiner ist als 3?*

f) *Wie groß ist die Wahrscheinlichkeit, mit diesem Würfel eine Zahl zu würfeln, die größer ist als 2?*

g) *Wie groß ist die Wahrscheinlichkeit, mit diesem Würfel eine Zahl zu würfeln, die genau durch 2 teilbar ist?*

h) *Wie groß ist die Wahrscheinlichkeit, mit diesem Würfel eine Zahl zu würfeln, die genau durch 3 teilbar ist?*

i) *Wie groß ist die Wahrscheinlichkeit, mit diesem Würfel eine Zahl zu würfeln, die genau durch 6 teilbar ist?*

j) *Wie groß ist die Wahrscheinlichkeit, mit diesem Würfel eine Zahl zu würfeln, die eine Primzahl ist?*

Hinweis: **Kürze die Brüche, falls es möglich ist!**

Merke dir: $$\textbf{Wahrscheinlichkeit} = \frac{\textbf{Anzahl der günstigen Ereignisse}}{\textbf{Anzahl aller möglichen Ereignisse}}$$

25 Ein Zufallsexperiment mit einem Würfel

Wir würfeln zehnmal mit einem sechflächigen Zahlenwürfel, der die Zahlen 1-6 aufweist. Möglich ist bei jedem Wurf die Augenzahl 1,2,3,4,5 oder 6. Diese Ereignisse haben alle dieselbe Chance. Versuche, bei denen alle Ergebnisse dieselbe Chance haben, nennt man Laplace-Versuche. Sie sind benannt nach dem französischen Mathematiker, der von 1749 bis 1827 lebte. Bei unserem Versuch gehen wir aufgrund der Chancengleichheit der bei jedem Wurf 6 möglichen Ergebnisse von einem Erwartungswert (= mathematische Erwartungen) von 3,5 aus. Begründung:

$$1\cdot\frac{1}{6}+2\cdot\frac{1}{6}+3\cdot\frac{1}{6}+4\cdot\frac{1}{6}+5\cdot\frac{1}{6}+6\cdot\frac{1}{6} = \frac{21}{6} = 3{,}5$$

Wir wollen nun feststellen, welcher tatsächliche Wert sich ergibt.

Deshalb würfeln wir zunächst zehnmal. Die einzelnen Würfelergebnisse notieren wir und berechnen dann den Mittelwert.

Augenzahl 1	Augenzahl 2	Augenzahl 3	Augenzahl 4	Augenzahl 5	Augenzahl 6	Mittelwert

Wir wiederholen den Versuch zweimal.

1. Wiederholung:

Augenzahl 1	Augenzahl 2	Augenzahl 3	Augenzahl 4	Augenzahl 5	Augenzahl 6	Mittelwert

2. Wiederholung:

Augenzahl 1	Augenzahl 2	Augenzahl 3	Augenzahl 4	Augenzahl 5	Augenzahl 6	Mittelwert

Aufgabe 1: **Auswertung des Versuchs:** *Was lässt sich aussagen? Interpretiere das Ergebnis.*

26 Wahrscheinlichkeiten im Spiel „Mensch ärgere dich nicht!"

„Mensch ärgere dich nicht" ist ein über hundert Jahre altes Würfelspiel, dessen Spielregeln wohl allgemein bekannt sein dürften. Spielziel ist es, seine 4 Spielsteine möglichst als Erster ins eigene „Haus" zu bringen. Ein sechsflächiger Zahlenwürfel mit den Augenzahlen 1 - 6 bestimmt jeweils, um wie viele Felder ein eigener Spielstein vorwärtsbewegt werden darf.
Im Folgenden werden zwei mögliche Situationen aus diesem Spiel aufgezeigt.

Aufgabe 1: *Bestimme jeweils, wie viel die gefragte Wahrscheinlichkeit beträgt. Gib dabei den Wert zunächst als Bruch, dann als Verhältnis, als Dezimalzahl und zum Schluss als Prozentsatz an. Schreibe in dein Heft.*

Situation 1

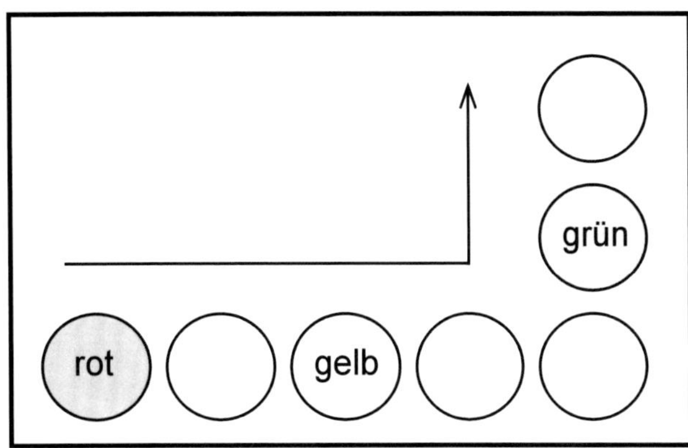

Der Spieler mit dem roten Stein ist an der Reihe. Er muss würfeln.

a) *Wie groß ist die Chance, beide gegnerische Steine zu überholen (Würfelergebnis!)*

b) *Wie groß ist die Chance, mit dem roten Stein einen der beiden gegnerischen Steine hinauszuwerfen?*

Situation 2

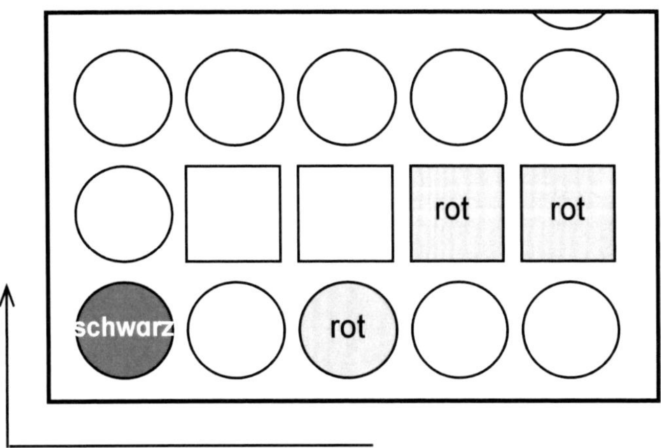

Wieder ist der Spieler mit den roten Steinen an der Reihe. Er muss würfeln.

a) *Wie groß ist die Chance, den schwarzen Stein hinauszuwerfen?*

b) *Wie groß ist die Chance, mit dem roten Stein ein Feld oder drei Felder vorzurücken?*

c) *Wie groß ist die Chance, mit dem roten Stein ins „Haus" zu gelangen?*

27 Ein Spiel mit 2 Würfeln – Wer gewinnt?

Spielerzahl: 2,3 oder 4 Spieler

Spielmaterialien:
- 1 Spielplan (s. Vorlage S. 43)
- 2 sechsflächige Zahlenwürfel (1-6)
- möglichst 1 Würfelbecher
- je Spieler dieselbe Anzahl an kleinen Spielsteinen (Achtet hier auf farblichen Unterschied)

→ bei 2 teilnehmenden Spielern: je Spieler maximal 5 Spielsteine
→ bei 3 teilnehmenden Spielern: je Spieler maximal 3 Spielsteine
→ bei 4 teilnehmenden Spielern: je Spieler maximal 2 Spielsteine

Spielregeln:

Das Spiel eignet sich sehr gut zu Beginn der Behandlung des Themas "Wahrscheinlichkeit" im Unterricht.

Unmittelbar vor Spielbeginn einigen sich die Schüler darauf, von welchen Feldern des Spielplans aus sie das Spiel mit den Spielsteinen beginnen. Zur Verfügung stehen dafür die Felder Start 2 - 11. Möglich ist auch: Es wird ausgewürfelt, wer von wo aus mit seinen Spielsteinen startet.

Im Spiel sind die Spieler abwechselnd an der Reihe. Wer dran ist, würfelt jeweils einmal mit beiden Würfeln. Stimmt die Gesamtsumme der dabei erzielten Augenzahlen auf dem Spielplan mit der Zahl eines Feldes überein, das ein eigener Spieler besetzt, so darf dieser Spielstein ein Feld in Richtung Ziel vorrücken. Stimmt das Ergebnis jedoch nicht, so bleibt der Stein stehen und das gewürfelte Ergebnis verfällt.

Wer zuerst mit einem eigenen Spielstein auf dem Spielplan das vorgesehene Zielfeld erreicht, gewinnt den Spieldurchgang (= 1 Punkt).

Danach beginnt das Spiel wieder von vorne. Alle Spieler stellen ihre Steine wieder in ihre Ausgangsposition (Startfelder). Die im Verlauf des Spiels erzielten Punkte werden unten auf dem Spielplan notiert. Wer schließlich innerhalb einer vereinbarten Spielzeit die meisten Punkte errungen hat bzw. zuerst eine vor Spielbeginn festgelegte Punktzahl erreicht hat, hat das Spiel gewonnen.

Varianten des Spiels:

- Die Spieler würfeln so lange, bis sie ein Ergebnis erzielen, mit dem sie keinen der Steine mehr vorrücken dürfen.
- Wenn die selbst gewürfelte Augensumme nicht das Vorziehen eines eigenen Spielsteins ermöglicht, verfällt diese Augensumme nicht. Passt diese Augensumme jedoch zum Spielfeld eines anderen Spielers, darf dieser Spieler seinen Spielstein um ein Feld vorrücken.
- Sieger des Spiels ist, wer zuerst alle seine Spielsteine in die vorgesehenen Zeitfelder bringt.
- Die Schüler überlegen sich eigene Veränderungen der Spielregeln.

27 Ein Spiel mit 2 Würfeln - Wer gewinnt? (Spielplan)

Wer gewinnt?

Wer gewinnt?

					Ziel 7					
				Ziel 6	7	**Ziel** 8				
			Ziel 5	6	7	8	**Ziel** 9			
		Ziel 4	5	6	7	8	9	**Ziel** 10		
	Ziel 3	4	5	6	7	8	9	10	**Ziel** 11	
Ziel 2	3	4	5	6	7	8	9	10	11	**Ziel** 12
Start 2	**Start** 3	**Start** 4	**Start** 5	**Start** 6	**Start** 7	**Start** 8	**Start** 9	**Start** 10	**Start** 11	**Start** 12

Zahl der Punkte										

28 Wahrscheinlichkeiten beim Würfeln mit 2 Würfeln

Anstatt eines Würfels werden jeweils gleichzeitig 2 Würfel geworfen.

Aufgabe 1: *Vervollständige die nachfolgende Übersicht und ermittle dabei Wahrscheinlichkeiten, die genannten Augenzahlsummen zu erzielen. Kürze die Brüche so weit wie möglich.*

Augenzahlsumme	Mögliche Kombinationen	Wahrscheinlichkeit (als Bruch)
2	*1:1*	$\frac{1}{36}$
3		
4		
5		
6		
7		
8		
9		
10		
11		
12		

KOHL VERLAG Statistik und Wahrscheinlichkeitsrechnung ... kinderleicht erlernen – Bestell-Nr. 11 661

29 Wahrscheinlichkeiten beim Ziehen von Kugeln

In einer Lostrommel befinden sich insgesamt 20 Kugeln. Es sind 1 rote, 2 gelbe, 4 grüne, 5 weiße und 8 schwarze Kugeln.

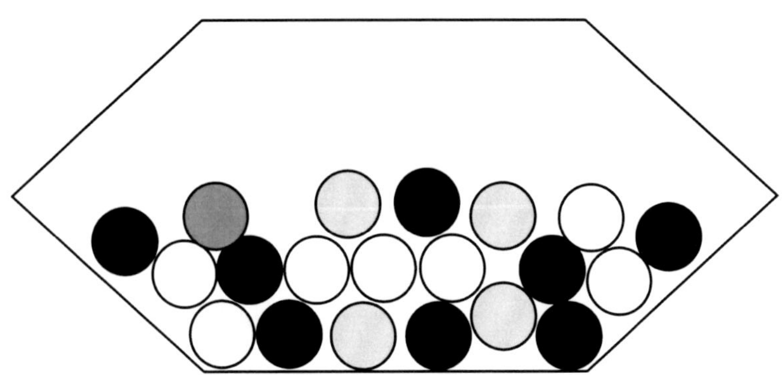

<u>Aufgabe 1</u>: *Berechne die Wahrscheinlichkeit, dass ...*

a) *... die rote Kugel gezogen wird.* ____________________

b) *... eine gelbe Kugel gezogen wird.* ____________________

c) *... eine grüne Kugel gezogen wird.* ____________________

d) *... eine weiße Kugel gezogen wird.* ____________________

e) *... eine schwarze Kugel gezogen wird.* ____________________

Im weiteren Verlauf werden von den 20 Kugeln 1 gelbe, 2 grüne, 3 weiße und 4 schwarze Kugeln aus der Trommel entfernt.

<u>Aufgabe 2</u>: *Berechne die Wahrscheinlichkeit, dass ...*

a) *... die rote Kugel gezogen wird.* ____________________

b) *... eine gelbe Kugel gezogen wird.* ____________________

c) *... eine grüne Kugel gezogen wird.* ____________________

d) *... eine weiße Kugel gezogen wird.* ____________________

e) *... eine schwarze Kugel gezogen wird.* ____________________

Hinweis **Notiere die Wahrscheinlichkeiten als Brüche, Dezimalzahlen und schließlich als Prozentzahlen!**

30 Rückwärtsrechnen - Wahrscheinlichkeiten beim Ziehen von Losen

In einem Lostopf sind 80 Lose enthalten.

Aufgabe 1: *Berechne die folgenden Aufgaben.*

a) *Die Wahrscheinlichkeit ein grünes Los zu ziehen beträgt 5%.*
Wie viele grüne Lose befinden sich im Lostopf?

____

b) *Die Wahrscheinlichkeit ein gelbes Los zu ziehen beträgt 10%.*
Wie viele gelbe Lose befinden sich im Lostopf?

____

c) *Die Wahrscheinlichkeit ein blaues Los zu ziehen beträgt 20%.*
Wie viele blaue Lose befinden sich im Lostopf?

____

d) *Die Wahrscheinlichkeit ein braunes Los zu ziehen beträgt 25%.*
Wie viele braune Lose befinden sich im Lostopf?

____

e) *Die Wahrscheinlichkeit ein graues Los zu ziehen beträgt 40%.*
Wie viele graue Lose befinden sich im Lostopf?

____

Nun sind nur noch 40 Lose im Topf.

Aufgabe 2: Berechne die folgenden Aufgaben.

a) *Die Wahrscheinlichkeit ein grünes Los zu ziehen beträgt 5%.*
Wie viele grüne Lose befinden sich im Lostopf?

____

b) *Die Wahrscheinlichkeit ein gelbes Los zu ziehen beträgt 15%.*
Wie viele gelbe Lose befinden sich im Lostopf?

____

c) *Die Wahrscheinlichkeit ein blaues Los zu ziehen beträgt 25%.*
Wie viele blaue Lose befinden sich im Lostopf?

____

d) *Die Wahrscheinlichkeit ein braunes Los zu ziehen beträgt 20%.*
Wie viele braune Lose befinden sich im Lostopf?

____

e) *Die Wahrscheinlichkeit ein graues Los zu ziehen beträgt 35%.*
Wie viele graue Lose befinden sich im Lostopf?

____

31 Gewinnchancen

Die Klasse 7a möchte auf dem Schulfest eine Tombola (= Verlosung) veranstalten. Es soll insgesamt 200 Lose geben, davon 1 Los für einen Hauptgewinn, 5 Lose für einen mittleren Gewinn und 10 für einen kleinen Gewinn.

Aufgabe 1: *Berechne die folgenden Aufgaben.*

a) *Wie groß ist die Chance in Prozent auf einen Hauptgewinn?*

____

b) *Wie groß ist die Chance in Prozent auf einen mittleren Gewinn?*

____

c) *Wie groß ist die Chance in Prozent auf einen kleinen Gewinn?*

____

d) *Wie groß ist die Chance in Prozent auf irgendeinen Gewinn?*

____

Auch die Klasse 7b hat vor, auf dem Schulfest eine Tombola durchzuführen. Diese Klasse plant insgesamt 300 Lose, darunter 2 Lose für jeweils einen Hauptgewinn, 8 Lose für einen mittleren Gewinn und 12 für einen kleinen Gewinn.

Aufgabe 2: *Berechne die folgenden Aufgaben.*

a) *Wie groß ist die Chance in Prozent auf einen Hauptgewinn?*

____

b) *Wie groß ist die Chance in Prozent auf einen mittleren Gewinn?*

____

c) *Wie groß ist die Chance in Prozent auf einen kleinen Gewinn?*

____

d) *Wie groß ist die Chance in Prozent auf irgendeinen Gewinn?*

____

31 Gewinnchancen

Aufgabe 3: *Vergleiche den Tombola-Plan der beiden siebten Klassen miteinander. Bei welchem Plan ist für Loskäufer ...*

a) *... die Chance größer auf einen Hauptgewinn?*

____

b) *... die Chance größer auf einen mittleren Gewinn?*

____

c) *... die Chance größer auf einen Kleingewinn?*

____

d) *... die Chance größer auf irgendeinen Gewinn?*

____

Aufgabe 4: *Bei ihrer Planung geht die Klasse 7a von 1 € pro Los aus. Der Hauptgewinn soll einen Wert von 30 € haben, jeder mittlere Gewinn einen Wert von 5 € und jeder Kleingewinn einen Wert von 2,50 €.*
Welchen finanziellen Gewinn erzielt die Klasse 7a, wenn alle 200 Lose verkauft werden?

Aufgabe 5: *Bei ihrer Planung geht die Klasse 7b von 1,50 € pro Los aus. Jeder Hauptgewinn soll einen Wert von 50 € haben, jeder mittlere Gewinn einen Wert von 20% des Hauptgewinns und jeder Kleingewinn einen Wert von 10% des Hauptgewinns.*
Welchen finanziellen Gewinn erzielt die Klasse 7b, wenn alle 300 Lose verkauft werden?

32 Verbundene Wahrscheinlichkeiten

Man kann Zufallsversuche durchführen, die genau 2 Ergebnisse haben können. Solche Versuche werden als "Bernoulli-Experimente" bezeichnet. Diese sind bekannt nach dem schweizerischen Mathematiker Jakob Bernoulli (1654 - 1705).

Zwei Beispiele für Bernoulli-Experimente sind das Werfen einer Geldmünze sowie das Werfen einer Heftzwecke. Nach dem Wurf einer Geldmünze liegt entweder die Zahlseite oben oder man sieht die Kopfseite. Beim Werfen einer Heftzwecke zeigt die Spitze der Nadel entweder nach oben oder zur Seite.

Führe folgende zwei Versuche durch und halte die Ergebnisse in deinem Heft fest.

Aufgabe 1: *Wirf eine Geldmünze zehnmal.*

a) *Erwartung vor dem Wurf: Wie oft glaubst du, dass die Zahlseite nach zehnmaligem Werfen oben liegt?*

b) *Erwartung vor dem Wurf: Wie oft glaubst du, dass die Kopfseite nach zehnmaligem Werfen oben liegt?*

c) *Wie oft lag die Zahlseite nach zehnmaligem Werfen tatsächlich oben?*

d) *Wie oft lag die Kopfseite nach zehnmaligem Werfen tatsächlich oben?*

Aufgabe 2: *Wirf eine Heftzwecke zehnmal.*

a) *Erwartung vor dem Wurf: Wie oft glaubst du, dass die Nadelspitze nach zehnmaligem Werfen nach oben zeigt?*

b) *Erwartung vor dem Wurf: Wie oft glaubst du, dass die Nadelspitze nach zehnmaligem Werfen zur Seite zeigt?*

c) *Wie oft zeigte die Nadelspitze nach zehnmaligem Werfen tatsächlich oben?*

d) *Wie oft zeigte die Nadelspitze nach zehnmaligem Werfen tatsächlich zur Seite?*

33 Glücksräder

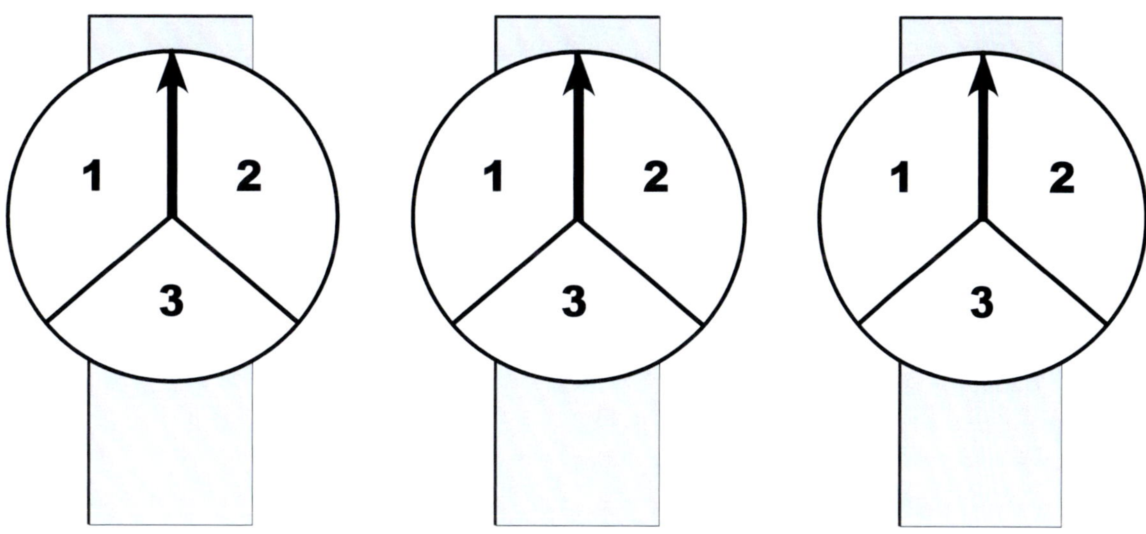

Die oberen Glücksräder weisen jeweils die Ziffern 1,2 und 3 auf.
Das linke Glücksrad soll stets die 1. Ziffer, das mittlere Rad die 2. Ziffer und das dritte Rad die 3. Ziffer dreistelliger Zahlen anzeigen. Jedes Glücksrad wird immer einmal gedreht.

Aufgabe 1: *Schreibe auf, welche verschiedenen dreistelligen Zahlen möglich sind. Wie viele Zahlen sind es insgesamt?*

Aufgabe 2: *Wie groß ist die Wahrscheinlichkeit, dass die 3 Glücksräder die Zahl 321 anzeigen, nachdem jedes Glücksrad einmal gedreht wurde?*

Aufgabe 3: *Wie groß ist die Wahrscheinlichkeit, dass die 3 Glücksräder eine aus drei gleichen Ziffern bestehende Zahl anzeigen?*

KOHL VERLAG Statistik und Wahrscheinlichkeitsrechnung ... kinderleicht erlernen – Bestell-Nr. 11 661

34 Baumdiagramme

Zufallsversuche und sich dabei ergebende Wahrscheinlichkeiten lassen sich anhand von Baumdiagrammen aufzeigen. An ihnen erkennt man zeichnerisch dargestellt jeden wahrscheinlichen "Weg" eines Ereignisses.

Beispiel: Eine Münze wird zweimal geworfen. Frage: Wie groß ist die Wahrscheinlichkeit, dass beide Male nach dem Werfen die Kopfseite oben liegt?

Baumdiagramm:

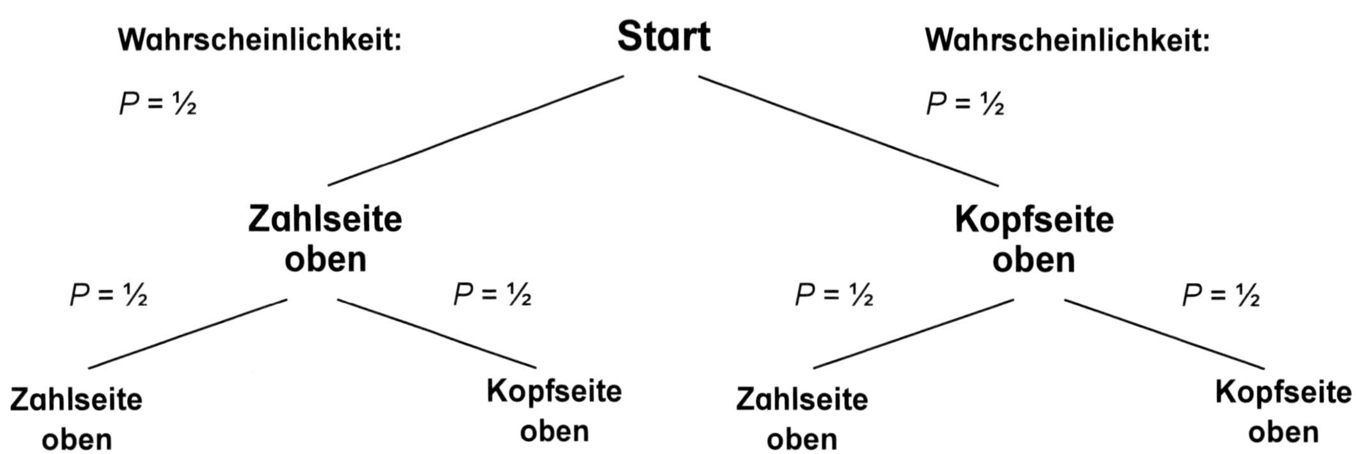

Ergebnis: *Die Wahrscheinlichkeit, dass beide Male die Kopfseite oben liegt, beträgt ¼, denn: ½ · ½ = ¼ = 0,25 = 25%.*

Aufgabe 1: *Ein sechsflächiger Würfel mit den Augenzahlen 1-6 wird zweimal geworfen.*
Frage: Wie groß ist die Wahrscheinlichkeit, dass beide Male keine 6 gewürfelt wird? Löse die Aufgabe mithilfe eines Baumdiagramms.

35 Baumdiagramme – 1. Pfadregel

Es gibt mehrstufige Zufallsversuche. Sie bestehen aus mindestens zwei Teilen. Bei mehrstufigen Zufallsversuchen lassen sich mithilfe von Baumdiagrammen die Wahrscheinlichkeiten von Ergebnissen veranschaulichen und berechnen .

1. Pfadregel **Die Wahrscheinlichkeit eines Ergebnisses bekommt man heraus, indem man die Wahrscheinlichkeiten entlang des Pfades (= Weg) multipliziert, der zum Ergebnis führt.**

Aufgabe 1: *Bestimme mithilfe eines Baumdiagramms und der 1. Pfadregel die folgenden gefragten Wahrscheinlichkeiten.*

a) *Wie groß ist die Wahrscheinlichkeit, dass ein Fußballteam beide Spiele gewinnt, wenn im ersten Spiel die Wahrscheinlichkeit des Sieges drei Viertel und im zweiten drei Fünftel beträgt?*

b) *Statistische Untersuchungen beim Menschen ergaben:*
Die Wahrscheinlichkeit, dass ein Junge geboren wird, beträgt circa 0,52; die Wahrscheinlichkeit eines Mädchens nur etwa 0,48. Wie groß ist unter diesen Bedingungen die Wahrscheinlichkeit, dass 1., 2., und 3. Kind eines Ehepaars jeweils ein Mädchen wird?

36 Baumdiagramme - 2. Pfadregel

Wenn sich bei mehrstufigen Versuchen das Endergebnis aus mehreren Teilergebnissen zusammensetzt, gilt die 2. Pfadregel.

2. Pfadregel **Die Wahrscheinlichkeit eines Ergebnisses, das aus mehreren Teilergebnissen besteht, bekommt man heraus, indem man die Wahrscheinlichkeiten der einzelnen Pfade (= Wege) addiert, die zu den Ergebnissen führen.**

Beispiel: *Eine Münze wird zweimal geworfen. Frage: Wie groß ist die Wahrscheinlichkeit, dass nach dem Werfen die Zahlenseite mindestens einmal oben liegt?*

Baumdiagramm:

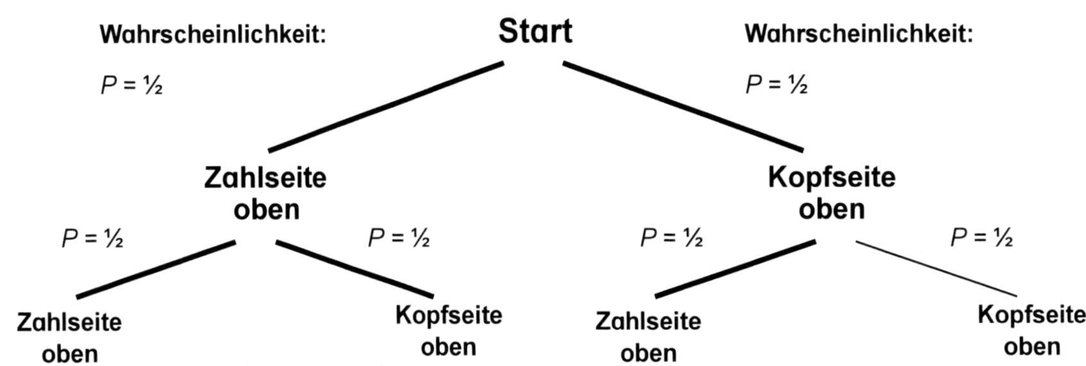

Anwendung der 2. Pfadregel → 3 verschiedene Pfade:

$ZZ + ZK + KZ = \frac{1}{2} \cdot \frac{1}{2} + \frac{1}{2} \cdot \frac{1}{2} + \frac{1}{2} \cdot \frac{1}{2} = \frac{1}{4} + \frac{1}{4} + \frac{1}{4} = \frac{3}{4} = 0{,}75 = 75\%$

Aufgabe 1: *Ein sechsflächiger Zahlenwürfel mit den Augenzahlen 1 - 6 wird zweimal geworfen. Ermittle mithilfe eines Baumdiagramms und der 2. Pfadregel, wie groß die Wahrscheinlichkeit ist, dass zumindest einmal eine Sechs geworfen wird. Schreibe in dein Heft.*

Aufgabe 2: *In einem dunklen Beutel befinden sich 5 gleichgroße Kugeln, 3 rote und 2 grüne. 2 Kugeln werden bei geschlossenen Augen entnommen und nicht mehr zurückgelegt. Wie groß ist die Wahrscheinlichkeit jetzt noch zwei gleichfarbige Kugeln zu bekommen? Schreibe in dein Heft.*

Aufgabe 3: *Nun befinden sich im dunklen Beutel 6 gleichgroße Kugeln; 2 rote, 2 grüne und 2 blaue. Erneut werden bei geschlossenen Augen zwei Kugeln entnommen und nicht mehr zurück gelegt. Wie groß ist die Wahrscheinlichkeit zwei gleichfarbige Kugeln zu bekommen? Schreibe in dein Heft.*

37 Ziehen mit und ohne Zurücklegen

Es gilt in der Wahrscheinlichkeitsrechnung zwischen dem Ziehen **mit** und **ohne** dem Zurücklegen zu unterscheiden.

Beim Ziehen **mit** Zurücklegen wird das, was soeben gezogen worden ist (z.B. eine Kugel aus einer Lostrommel), wieder zurückgelegt, nachdem das Ergebnis notiert wurde. Die Anzahl der Kugeln ändert sich bei den einzelnen Ziehungen nicht. Als Beispiel für diese Variante kann der Wurf eines Zahlenwürfels angeführt werden.

Kann dagegen z.B. die Kugel danach nicht mehr gezogen werden, weil sie aus der Trommel gänzlich entfernt wurde, so spricht man von einem Verfahren **ohne** Zurücklegen. Mit jeder einzelnen Ziehung wird die verbleibende Gesamtzahl z.B. von Kugeln in der Lostrommel immer geringer. Hier ist das Lotto „6 aus 49" ein exemplarisches Beispiel.

Der **Unterschied zwischen dem Ziehen mit Zurücklegen und dem Ziehen ohne Zurücklegen** aufgezeigt an einem Beispiel von 3 roten und 3 grünen Kugeln, die sich in einer Urne (= Gefäß) befinden:

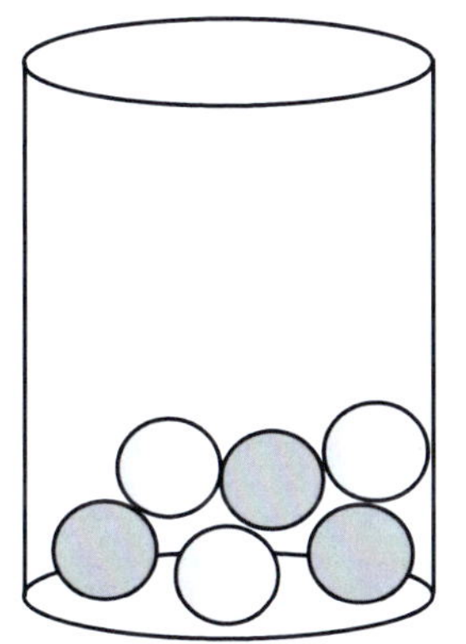

rote Kugeln

grüne Kugeln

Frage:

Wie groß ist die Wahrscheinlichkeit bei 3 einzelnen Ziehungen immer eine grüne Kugel zu ziehen?

Ziehen **mit** Zurücklegen:

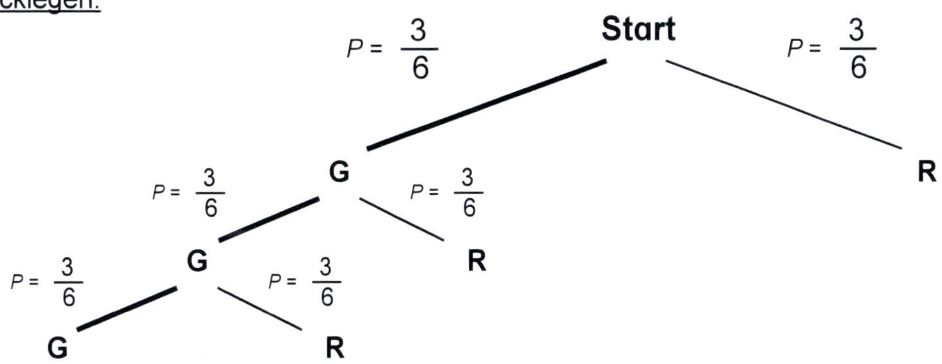

Rechnung:

$$P(G,G,G) = \frac{3}{6} \cdot \frac{3}{6} \cdot \frac{3}{6} = \frac{1}{8} = 1:8 = 0{,}125 = 12{,}5\%$$

KOHL VERLAG Statistik und Wahrscheinlichkeitsrechnung ... kinderleicht erlernen – Bestell-Nr. 11 661

37 Ziehen mit und ohne Zurücklegen

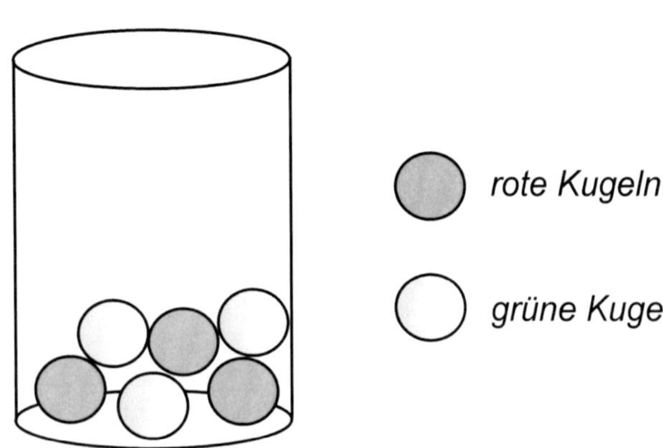

Frage:

Wie groß ist die Wahrscheinlichkeit bei 3 einzelnen Ziehungen immer eine grüne Kugel zu ziehen?

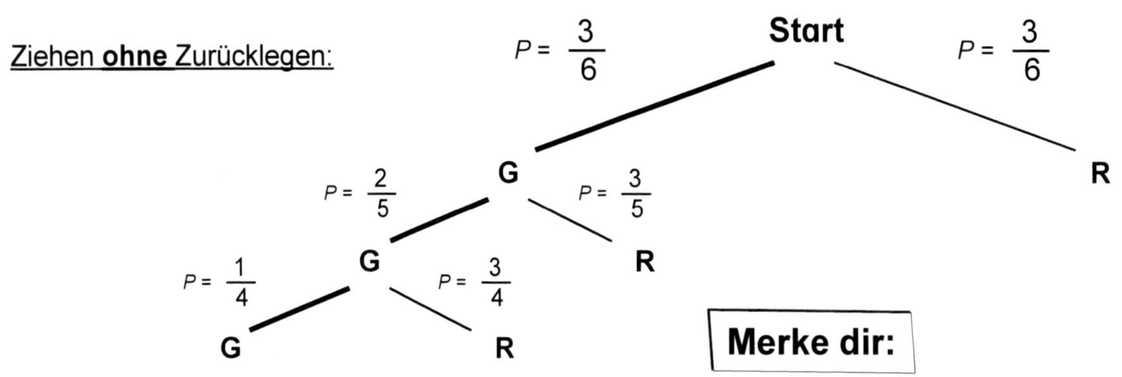

Merke dir:

Der Nenner verringert sich immer um den Wert 1 = Anzahl der zuvor gezogenen Kugeln.

Rechnung:

$$P(G,G,G) = \frac{3}{6} \cdot \frac{2}{5} \cdot \frac{1}{4} = \frac{2}{40} = 1:20 = 0{,}05 = 5\%$$

In der Urne befinden sich nun 1 schwarze, 2 rote und 3 grüne Kugeln.

Aufgabe 1: *Dreimal soll mit Zurücklegen gezogen werden. Wie groß ist dabei die Wahrscheinlichkeit, dass zuerst eine schwarze, dann eine rote und schließlich eine grüne Kugel gezogen wird? Löse die Aufgabe, indem du ein Baumdiagramm zeichnest. Schreibe in dein Heft.*

Aufgabe 2: *Dreimal soll ohne Zurücklegen gezogen werden. Wie groß ist dabei die Wahrscheinlichkeit, dass zuerst eine schwarze, dann eine rote und schließlich eine grüne Kugel gezogen wird? Löse die Aufgabe, indem du ein Baumdiagramm zeichnest. Schreibe in dein Heft.*

38 32 Spielkarten

Zu einem Skatspiel gehören insgesamt 32 Spielkarten. 8 dieser Spielkarten sind schwarze Kreuzkarten und ebenfalls 8 Spielkarten sind schwarze Pikkarten. Ebenso 8 dieser Karten sind rote Herzkarten und 8 rote Karokarten. Von diesen 4 Kartengruppen weisen jeweils drei der Gruppe ein Bild auf (Bube, Dame, König). Alle 32 Spielkarten werden grundsätzlich gemischt.

Aufgabe 1: *Berechne die Wahrscheinlichkeit zu folgenden Ereignissen.*

a) *Wie groß ist die Wahrscheinlichkeit, eine rote Karte zu ziehen?*

b) *Wie groß ist die Wahrscheinlichkeit, eine Karte zu ziehen, auf dem der Bild zu sehen ist?*

c) *Wie groß ist die Wahrscheinlichkeit, eine Karte zu ziehen, auf der kein Bild zu sehen ist?*

d) *Wie groß ist die Wahrscheinlichkeit, eine schwarze Karte zu ziehen, die ein Bild aufweist?*

39 Gegenereignisse

Die Wahrscheinlichkeitsrechnung eines Ereignisses kann ebenfalls bestimmt werden, indem man vom Gegenereignis ausgeht. Hierbei gilt:

Die Wahrscheinlichkeit eines Ereignisses ist 1 minus der Wahrscheinlichkeit des Gegenereignisses .

Merke: $\mathbf{W(E) = 1 - W(E)}$

Dieses Vorgehen empfiehlt sich, wenn das Gegenereignis schnell ermittelt werden kann.

Beispiel: *Wie groß ist die Wahrscheinlichkeit, dass beim zweimaligen Werfen einer Geldmünze die Kopfseite mindestens einmal oben liegt? Das Gegenereignis von "mindestens einmal die Kopfseite oben" ist "keinmal die Kopfseite oben".*

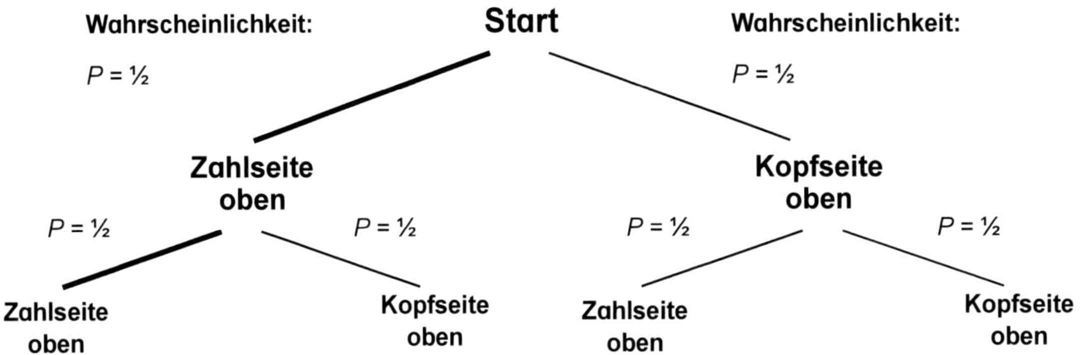

Rechnung: $\rightarrow \mathbf{W(E) = 1 - (\tfrac{1}{2} \cdot \tfrac{1}{2}) = 1 - \tfrac{1}{4} = \tfrac{3}{4} = 3:4 = 0{,}75 = 75\%}$

Gegenereignis (bezogen auf $(\tfrac{1}{2} \cdot \tfrac{1}{2})$)

Aufgabe 1: *Wie groß ist die Wahrscheinlichkeit, dass beim zweimaligen Werfen eines Zahlenwürfels (1-6) mindestens eine 6 oder eine 5 gewürfelt wird? Ermittle das Ergebnis mithilfe des Gegenereignisses. Schreibe in dein Heft.*

Aufgabe 2: *Wie groß ist die Wahrscheinlichkeit, dass beim zweimaligen Werfen eines Zahlenwürfels (1-6) mindestens einmal eine 4,5 oder 6 gewürfelt wird? Ermittle das Ergebnis mithilfe des Gegenereignisses. Schreibe in dein Heft.*

40 Zahlenlotto "6 aus 49"

Viele Leute träumen vom Großen Geldgewinn im Lotto "6 aus 49" und setzen dafür Woche für Woche Geld ein. Doch die Chance auf 6 richtig getippte Zahlen und damit auf ganz viel Geld ist äußerst gering.

Die Gewinnchance auf "6 Richtige aus 49" lässt sich über ein Baumdiagramm und mithilfe der 1. Pfadregel der Wahrscheinlichkeitsrechnung ermitteln:

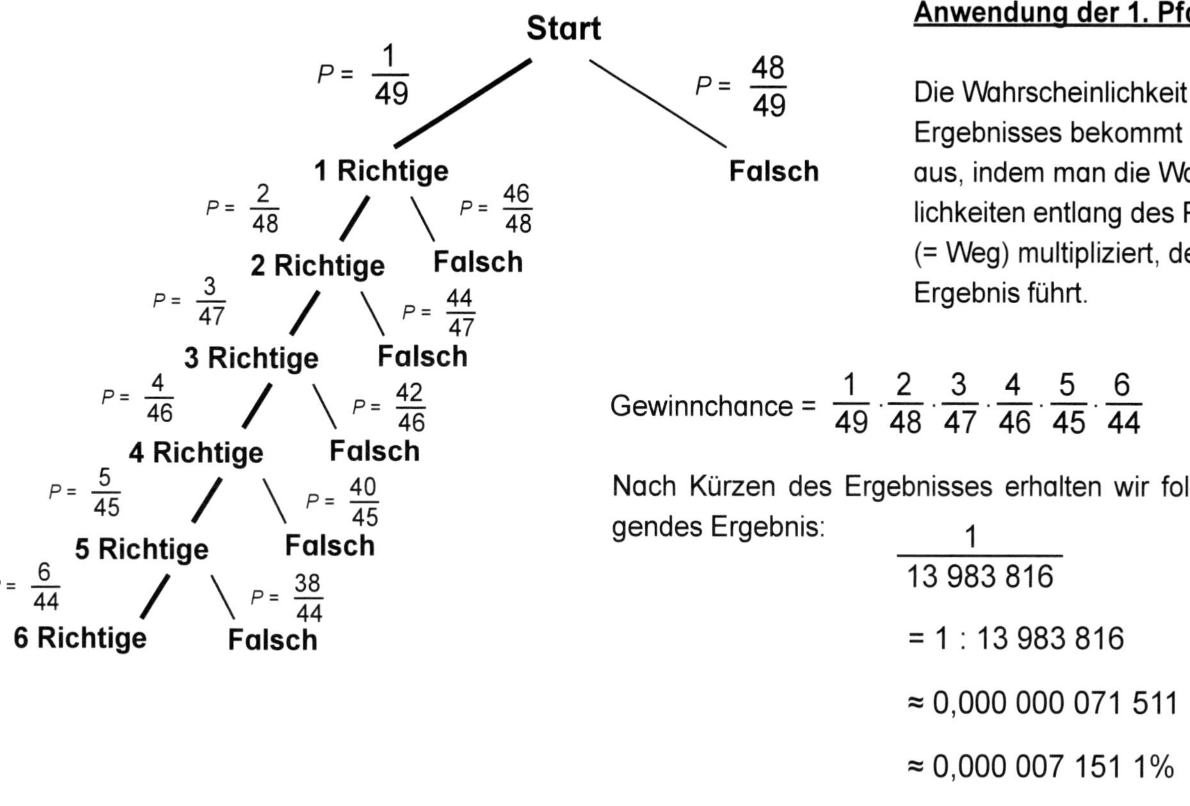

<u>Anwendung der 1. Pfadregel</u>:

Die Wahrscheinlichkeit eines Ergebnisses bekommt man heraus, indem man die Wahrscheinlichkeiten entlang des Pfades (= Weg) multipliziert, der zum Ergebnis führt.

$$\text{Gewinnchance} = \frac{1}{49} \cdot \frac{2}{48} \cdot \frac{3}{47} \cdot \frac{4}{46} \cdot \frac{5}{45} \cdot \frac{6}{44}$$

Nach Kürzen des Ergebnisses erhalten wir folgendes Ergebnis:

$$\frac{1}{13\,983\,816}$$

$$= 1 : 13\,983\,816$$

$$\approx 0{,}000\,000\,071\,511$$

$$\approx 0{,}000\,007\,151\,1\%$$

<u>Aufgabe 1</u>: *Wie groß ist die Wahrscheinlichkeit auf einen Gewinn bei einem Lotto "3 aus 9"?*

<u>Aufgabe 2</u>: *Wie groß ist die Wahrscheinlichkeit auf einen Gewinn bei einem Lotto "4 aus 16"?*

41 Vierfeldertafeln in der Wahrscheinlichkeitsrechnung

Die Vierfeldertafel lässt sich nicht nur in der Statistik verwenden, sondern auch in der Wahrscheinlichkeitsrechnung, wenn es um zwei Merkmale mit jeweils zwei Merkmalsausprägungen geht.

Beispiel: *Befragung von 50 Frauen und 50 Männern*

Personen	Autoführerschein	keinen Autoführerschein	Summen
Frauen	**31**	**19**	**50**
Männer	**39**	**11**	**50**
Summen	**70**	**30**	**100**

Von 50 befragten Frauen besitzen 31 einen Autoführerschein. Von 50 befragten Männern haben 39 einen Autoführerschein. Die relative Häufigkeit, dass eine Frau im Besitz eines Autoführerscheines ist, beträgt $\frac{31}{50}$. Die relative Häufigkeit, dass ein Mann einen Autoführerschein besitzt, beträgt $\frac{39}{50}$.

Übertragen auf die Wahrscheinlichkeitsrechnung ergibt sich: Die Wahrscheinlichkeit, dass eine zufällig ausgewählte Frau über einen Autoführerschein verfügt, liegt bei:

$$\frac{31}{50} = 0{,}62 = 62\%$$

Die Wahrscheinlichkeit, dass ein zufällig ausgewählter Mann über einen Autoführerschein verfügt, liegt bei:

$$\frac{39}{50} = 0{,}78 = 78\%$$

Man kann also relative Häufigkeiten auch als Wahrscheinlichkeiten ansehen und sie berechnen.

Aufgabe 1: **a)** *Notiere in der folgenden Vierfeldertafel die fehlenden Zahlen.*

Personen	gehen gern ins Theater	gehen nicht gern ins Theater	Summen
Frauen		**43**	
Männer		**48**	**75**
Summen	**69**		

b) *Wie groß ist die Wahrscheinlichkeit, dass eine zufällig ausgewählte Frau gern ins Theater geht?*

____

c) *Wie groß ist die Wahrscheinlichkeit, dass ein zufällig ausgewählter Mann gern ins Theater geht?*

____

41 Vierfeldertafeln in der Wahrscheinlichkeitsrechnung

Aufgabe 2: Eine Schulklasse ...

Personen	können schwimmen	können nicht schwimmen	Summen
Mädchen	$\frac{9}{24}$	$\frac{2}{24}$	$\frac{11}{24}$
Jungen	$\frac{10}{24}$	$\frac{3}{24}$	$\frac{13}{24}$
Summen	$\frac{19}{24}$	$\frac{5}{24}$	**1**

Was sagt die obere Vierfeldertafel aus? Was lässt sich über Wahrscheinlichkeiten sagen, wenn jemand aus der Schulkasse zufällig ausgewählt wird?

Aufgabe 3: Eine Schule ...

Personen	deutsche Staatsangehörigkeit	keine deutsche Staatsangehörigkeit	Summen
Mädchen	**32%**		**44%**
Jungen	**39%**		
Summen		**29%**	

Löse die Aufgaben und vervollständige die obere Tabelle mit den fehlenden Zahlen.

Aufgabe 4: Ergebnisse einer zahnärztlichen Untersuchung in mehreren Schulen ...

Personen	Zahnprobleme	keine Zahnprobleme	Summen
Mädchen	**0,21**		**0,39**
Jungen			**0,61**
Summen	**0,56**		

Löse die Aufgaben und vervollständige die obere Tabelle mit den fehlenden Zahlen. Wie groß ist hier die Wahrscheinlichkeit, dass eine zufällig ausgewählte Person Zahnprobleme hat?

42 Ein Würfelspiel mit zwei Würfeln

Zwei Spieler vereinbaren ein Würfelspiel mit 2 sechsflächigen Würfeln auszutragen, die beide die Augenzahlen 1 - 6 besitzen. Jeweils sollen die 2 gewürfelten Augenzahlen miteinander multipliziert werden.

Der Spieler A schlägt dem Spieler B vor: ***"Ist das Produkt eine gerade Zahl der beiden gewürfelten Zahlen, bekomme ich einen Punkt! Wenn das Produkt aber ungerade ist, so erhältst du einen Punkt!"***

<u>**Aufgabe 1**</u>: **a)** *Zeige anhand der nachfolgenden Tabelle, dass der Vorschlag des Spielers A ungerecht ist.*

·	**1**	**2**	**3**	**4**	**5**	**6**
1						
2						
3						
4						
5						
6						

b) *Mache einen gerechten Vorschlag, wenn bei dem Spiel jeweils die beiden gewürfelten Augenzahlen miteinander multipliziert werden sollen.*

43 Reihenfolgen

Manche Fußballkenner versuchen Geld beim Fußballtoto zu gewinnen. Bei der Ergebniswette im Fußballtoto, die auch als 13er-Wette bezeichnet wird, gilt es, den Ausgang von 13 vorgegebenen Fußballspielen zu tippen.
Zu jedem der jeweils vorgegebenen Fußballspiele hat der Tipper 3 Möglichkeiten zur Auswahl:

- Sieg des zuerst genannten Vereins = 1
- Sieg des an zweiter Stelle stehenden Vereins = 2
- Unentschieden = 0

Aufgabe 1: *Berechne wie viele verschiedene Tippmöglichkeiten es für insgesamt 13 Fußballspiele gibt. Wie groß ist also die Gewinnchance für 13 richtige Tipps?*

Gehe wie folgt vor ...

a) *Für 1 Spiel gibt es 3 Tippmöglichkeiten.*
b) *Für 2 Spiele gibt es 9 Tippmöglichkeiten.*
c) *Für 3 Spiele gibt es ...*
d) *... usw.*

m) *Für 13 Spiele gibt es ______________________ Tippmöglichkeiten.*

Die Gewinnchance ist also als Bruch:

$\frac{1}{\_\_\_\_\_\_\_\_\_\_}$ = 1 : ______________ ≈ 0, ______________ ≈ ____________%.

Aufgabe 2: *Ein 100m-Lauf soll stattfinden. In wie vielen verschiedenen Reihenfolgen können die Läufer ins Ziel kommen, wenn ...*

a) *... 2 Läufer teilnehmen?* = $1 \cdot 2 = 2$ *in 2 Reihenfolgen*

b) *... 3 Läufer teilnehmen?* = $1 \cdot 2 \cdot 3 = 6$ *in 6 Reihenfolgen*

c) *... 4 Läufer teilnehmen?*

d) *... 5 Läufer teilnehmen?*

e) *... 6 Läufer teilnehmen?*

f) *... 7 Läufer teilnehmen?*

g) *... 8 Läufer teilnehmen?*

h) *... 9 Läufer teilnehmen?*

i) *...10 Läufer teilnehmen?*

KOHL VERLAG Statistik und Wahrscheinlichkeitsrechnung ... kinderleicht erlernen – Bestell-Nr. 11 661

44 Multiple-Choice zur Wahrscheinlichkeitsrechnung

Aufgabe 1: *Zu jeder der anschließenden 10 Fragen werden 4 Antworten genannt, wovon nur eine Antwort richtig ist. Trage ganz rechts den jeweiligen Antwortbuchstaben (A, B, C oder D) der deiner Meinung nach richtigen Antwort ein.*

Nr.	Fragen	A	B	C	D	Lösungsbuchstabe
1	**Wie groß ist die Wahrscheinlichkeit, mit einem sechsflächigen Zahlenwürfel eine 4 zu würfeln?**	$\frac{1}{4}$	$\frac{4}{1}$	$\frac{6}{1}$	$\frac{1}{6}$	
2	**Wie groß ist die Wahrscheinlichkeit, mit einem sechsflächigen Zahlenwürfel eine ungerade Zahl zu würfeln?**	$\frac{1}{2}$	$\frac{1}{3}$	$\frac{1}{4}$	$\frac{1}{5}$	
3	**Wie groß ist die Wahrscheinlichkeit, von 5 Streichhölzern das längste zu ziehen?**	10%	20%	30%	40%	
4	**Wie groß ist die Wahrscheinlichkeit, eines von 4 Assen aus einem 32er-Kartenspiel zu ziehen?**	12,5%	22,5%	32,5%	42,5%	
5	**Wie groß ist die Wahrscheinlichkeit, dass nach Werfen einer Geldmünze, deren Zahlseite oben liegt?**	0,5	1,0	0,2	0,8	
6	**Wie groß ist die Wahrscheinlichkeit, aus einer Dose, in der sich 2 weiße und 3 schwarze Kugeln befinden, eine weiße zu ziehen?**	2:3	3:2	2:5	5:2	
7	**Wie groß ist die Wahrscheinlichkeit, aus einer Lostrommel ein Gewinnlos zu ziehen, wenn darin 90 Nieten, 3 Großgewinnlose und 7 Kleingewinnlose sind?**	9:10	7:10	3:10	1:10	
8	**Wie groß ist die Wahrscheinlichkeit, dass jemand in einem Schaltjahr geboren wird?**	0,15	0,25	0,35	0,45	
9	**Wie groß ist die Wahrscheinlichkeit, dass in Deutschland jemand an einem Sonntag zur Welt kommt?**	$\frac{1}{366}$	$\frac{1}{365}$	$\frac{1}{52}$	$\frac{1}{7}$	
10	**Wie groß ist die Wahrscheinlichkeit, dass in Deutschland zwei Personen in einem Nichtschaltjahr am selben Tag Geburtstag haben?**	1:366	1:365	1:52	1:7	

45 Fußball - rund um die Wahrscheinlichkeitsrechnung

Aufgabe 1: *Ein Torwart hat als Elfmeterschütze von 11 Elfmetern nur einen verschossen. Wie groß ist die Wahrscheinlichkeit, dass dieser Torwart einen Elfmeter verwandelt?*

Aufgabe 2: *Ein Torwandschießen findet statt. 40% der Teilnehmer erzielen keinen Treffer. 37% der Teilnehmer jeweils ein Tor, 16% der Teilnehmer jeweils zwei Tore und 7% sogar jeweils drei Treffer. Wie groß ist die Wahrscheinlichkeit, dass ein zufällig ausgewählter Teilnehmer mindestens ein Tor schießt?*

Aufgabe 3: *In einer Zeitschrift wird eine Fußballwette angeboten. Zu 3 Fußballspielen wird jeweils ein bestimmter Ergebnistipp genannt (Unentschieden, Sieg oder Niederlage). Die Quote für das erste Spiel beträgt 2,75, für das zweite 3,0 und für das dritte Spiel 2,5. Wie viel Geld erhält man bei 30 € Einsatz, wenn man sich auf diese Wette einlässt und diese erfolgreich ist?*

Aufgabe 4: *Bei einer 13er-Wette des Fußballtotos muss das Ergebnis von 13 Fußballspielern getippt werden. Angegeben werden muss, ob die Spiele mit einem Unentschieden (= 0), einem Heimsieg (= 1) oder einem Auswärtssieg (= 2) enden. Wie viele verschiedene Tipps sind bei dieser Wette möglich?*

Klassenarbeit zum Thema Wahrscheinlichkeit

Name: ____________________

Datum: ____________________

Seite 1

Aufgabe 1 *Erkläre, was mit den folgenden Begriffen gemeint ist.*

Wahrscheinlichkeit **W=0**

____

____

____

Aufgabe 2 *Angenommen: Die Wahscheinlichkeit beträgt $\frac{13}{20}$. Gib den Wert als Verhältnis, als Dezimalzahl und als Prozentsatz an.*

Aufgabe 3 *Wie groß ist die Wahrscheinlichkeit mit einem sechsflächigen Zahlenwürfel, ...*

a) *... eine 1 oder 2 zu würfeln?* ____________________

b) *... eine 4 zu würfeln?* ____________________

c) *... eine ungerade Augenzahl zu würfeln?* ____________________

d) *... eine Augenzahl zu würfeln, die genau durch 3 teilbar ist?* ____________________

e) *... eine Augenzahl zu würfeln, die größer ist als 2?* ____________________

Aufgabe 4 *Was sind sogenannte Laplace-Versuche? Nenne 2 Beispiele.*

____

____

____

____

Klassenarbeit zum Thema Wahrscheinlichkeit

Name: ______________________________

Datum: ______________________________

Seite 2

Aufgabe 5

Ein sechsflächiger Zahlenwürfel mit den Augenzahlen 1 bis 6 wird des Öfteren geworfen. Berechne, welchen durchschnittlichen Wert man hierbei erwarten kann.

Aufgabe 6

2 sechsflächige Würfel (1-6) werden gleichzeitig geworfen. Man notiert sich die Summe der beiden Augenzahlen. Für welche Augenzahlsumme besteht die höchste Wahrscheinlichkeit? Wie viele verschiedene Möglichkeiten gibt es, diese Augensumme zu erreichen? Wie groß ist also die Wahrscheinlichkeit für genau diese Augenzahlsumme?

Aufgabe 7

In einer Lostrommel befinden sich noch 168 Lose. Davon sind 3 Lose gekennzeichnet für jeweils einen größeren Gewinn. 8 Lose für jeweils einen mittleren Gewinn und 14 Lose für jeweils einen kleinen Gewinn. Gib die folgenden Wahrscheinlichkeiten als wenn möglich, gekürzte Brüche an.

a) Wie groß ist die Wahrscheinlichkeit für einen größeren Gewinn? ____________________

b) Wie groß ist die Wahrscheinlichkeit für einen mittleren Gewinn? ____________________

c) Wie groß ist die Wahrscheinlichkeit für einen kleinen Gewinn? ____________________

d) Wie groß ist die Wahrscheinlichkeit für einen Gewinn? ____________________

e) Wie groß ist die Wahrscheinlichkeit für keinen Gewinn? ____________________

KOHL VERLAG Statistik und Wahrscheinlichkeitsrechnung ... kinderleicht erlernen – Bestell-Nr. 11 661

Aufgabe 8

Eine Geldmünze wird mehrmals geworfen.

a) Wie groß ist die Wahrscheinlichkeit, dass nach zweimaligem Wurf die Kopfseite immer oben liegt?

b) Wie groß ist die Wahrscheinlichkeit, dass nach fünfmaligem Wurf die Kopfseite immer oben liegt?

Aufgabe 9

In einer Urne sind 2 rote, 3 gelbe und 4 grüne Kugeln. Es werden Kugeln ohne Zurücklegen gezogen. Gib die Wahrscheinlichkeiten als Bruch an.

Wie groß ist die Wahrscheinlichkeit, dass ...

a) ... bei der ersten Ziehung eine rote Kugel gezogen wird?

b) ... bei den ersten beiden Ziehungen immer zwei gelbe Kugeln gezogen werden?

c) ... bei den ersten drei Ziehungen immer eine grüne Kugel gezogen wird?

Name: ____________________

Datum: ____________________

Aufgabe 10 *1. Pfadregel: Ergänze den Lückentext mit den drei fehlenden Wörtern.*

Die Wahrscheinlichkeit eines Ergebnisses bekommt man heraus, indem man die ______________ entlang dem __________, der zum Ergebnis führt, ______________.

Aufgabe 11 *Angenommen: Es gäbe ein Zahlenlotto "3 aus 6", d.h. von 6 vorgegebenen Zahlen wären drei Richtige zu tippen. Wie groß wäre die Wahrscheinlichkeit, 3 Richtige zu tippen? Zeichne dazu ein Baumdiagramm und schreibe das Ergebnis als Bruch. Schreibe in dein Heft/ auf ein Blatt.*

Aufgabe 12 *Die Ergebnisse einer Befragung.*

a) *Vervollständige die Vierfeldertafel.*

b) *Wie groß ist die Wahrscheinlichkeit, dass jemand der befragten Personen, der zufällig ausgewäht wurde, Shopping mag?*

Personen	mögen Shopping	mögen kein Shopping	Summen
Frauen	0,44		0,5
Männer		0,35	
Summen			1

____

____

Aufgabe	zu erreichende Punktzahl	erreichte Punktzahl	Summen
1	3 Punkte		
2	3 Punkte		
3	4 Punkte		
4	5 Punkte		
5	2 Punkte		
6	3 Punkte		
7	3 Punkte		
8	3 Punkte		
9	4 Punkte		
10	2 Punkte		
11	3 Punkte		
12	5 Punkte		

Insgesamt erreichte Punktzahl: / *40 Punkte*

Note:

46 Aufgaben zu Statistik und Wahrscheinlichkeitsrechnung

Aufgabe 1: *An der Außenwand eines Hauses befindet sich ein Thermometer. Frühmorgens betrug die Temperatur 0°C, am Mittag +6°C und am späten Abend -3°C. Wie hoch war die Durchschnittstemperatur an diesem Tag?*

- ☐ *a) -1°C*
- ☐ *b) 0°C*
- ☐ *c) 1°C*
- ☐ *d) 2°C*

Aufgabe 2: *In einer Mathematikarbeit gab es keine Zensur 1 und keine Zensur 6. 5 Schüler bekamen die Zensur 2, 4 Schüler eine Drei, 4 Schüler eine Vier und 5 Schüler die Note 5. Wieviel beträgt der Durchschnittswert der Klassenarbeit?*

- ☐ *a) 2,5*
- ☐ *b) 3*
- ☐ *c) 3,5*
- ☐ *d) 4*

Aufgabe 3: *Ein Fußballspieler schießt während des Trainings 5 Elfmeter. Der Spieler erzielt dabei 3 Tore. Wie groß ist die relative Häufigkeit der erzielten Tore?*

- ☐ *a) 0,6*
- ☐ *b) 0,7*
- ☐ *c) 0,8*
- ☐ *d) 0,9*

Aufgabe 4: *Ein Junge würfelt mit einem sechsflächigen Zahlenwürfel, der die Zahlen 1 bis 6 aufweist. Wie hoch ist die Wahrscheinlichkeit, dass er eine gerade Zahl würfelt?*

- ☐ *a) 1:5*
- ☐ *b) 1:4*
- ☐ *c) 1:3*
- ☐ *d) 1:2*

Aufgabe 5: *In einer Lostrommel sind noch insgesamt 10 Lose, und zwar 3 Gewinnlose und 7 Nieten. Es wird eine Niete gezogen. Wie groß ist die Wahrscheinlichkeit bei der nächsten Ziehung ein Gewinnlos zu erhalten?*

- ☐ *a) 20 %*
- ☐ *b) 25 %*
- ☐ *c) ~ 33,3 %*
- ☐ *d) 50 %*

Lösungen

1 Statistik - Spannweite und Zentralwert

Aufgabe 1: Rangliste: 30 m, 34 m, 38 m, 40 m, 42 m, 45 m, 46 m, 51 m
Spannweite: 51 m - 30 m = 21 m

Aufgabe 2: Rangliste: 8,9 sek; 9,0 sek; 9,2 sek; 9,8 sek; 10,1 sek; 10,2 sek; 10,5 sek; 11,1 sek; 11,3 sek
Zentralwert: 10,1 sek

Aufgabe 3: Rangliste: 3,25 m; 3,28 m; 3,50 m; 3,76 m; 3,84 m; 3,98 m; 4,02 m; 4,08 m; 4,37 m; 4,41 m
Zentralwert: 3,84 m + 3,98 m : 2 = 3,91 m

2 Modalwert

Aufgabe 1: **a)** Modalwert: 22 Jahre/5 Spielerinnen **b)** Modalwert: 4 Fehler **c)** Modalwert: 2:1
d) Modalwert: 32 und 25 Gäste

3 Boxplots

Aufgabe 1: **a)** Minimum: 18 Jahre **b)** Maximum: 58 Jahre **c)** Median: 34 Jahre
d) 1. Quartil (= unteres Quartil): 26 Jahre **e)** 3. Quartil (= oberes Quartil): 46 Jahre
f) Boxsplot

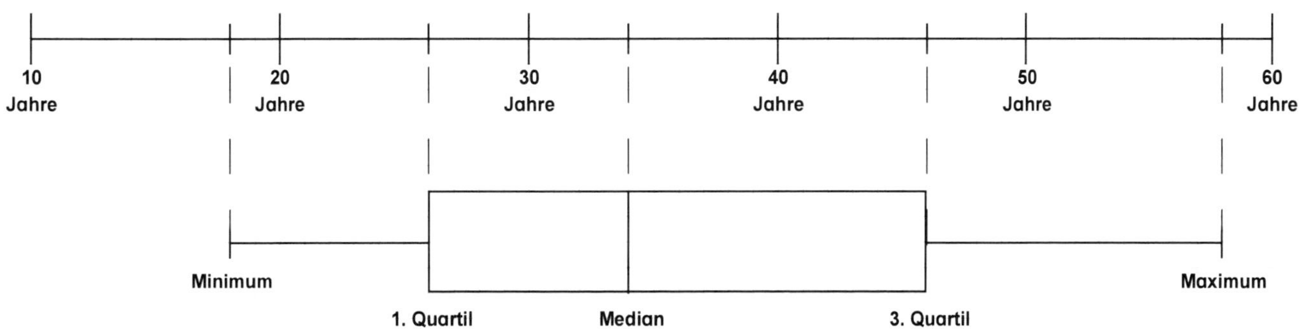

4 Vierfeldertafeln

Aufgabe 1: **a)**

Personen	tanzen gerne	tanzen nicht gerne	Summen
Mädchen	12	2	**14**
Jungen	7	7	**14**
Summen	**19**	**9**	**28**

b)

Personen	mögen Fußball	mögen Fußball nicht	Summen
Mädchen	8	7	**15**
Jungen	26	9	**35**
Summen	**34**	**16**	**50**

c)

Personen	rauchen	rauchen nicht	Summen
Frauen	19	27	**46**
Männer	23	31	**54**
Summen	**42**	**58**	**100**

5 Mittelwert

Aufgabe 1: Die Durchschnittstemperatur beträgt 14°C

Aufgabe 2: In dieser Woche werden durchschnittlich pro Tag 18 Smartphones verkauft.

Aufgabe 3: Die Durchschnittsnote ist 3,5.

6 Statistik – Spannweite und Zentralwert

Aufgabe 1: Die Klasse besteht aus 29 Schülern. Die meisten Schüler (5 Schüler) haben im Mai Geburtstag. Im November hat kein Schüler der Klasse Geburtstag.

KOHL VERLAG Statistik und Wahrscheinlichkeitsrechnung ... kinderleicht erlernen – Bestell-Nr. 11 661

6 Säulendiagramme

Aufgabe 2:

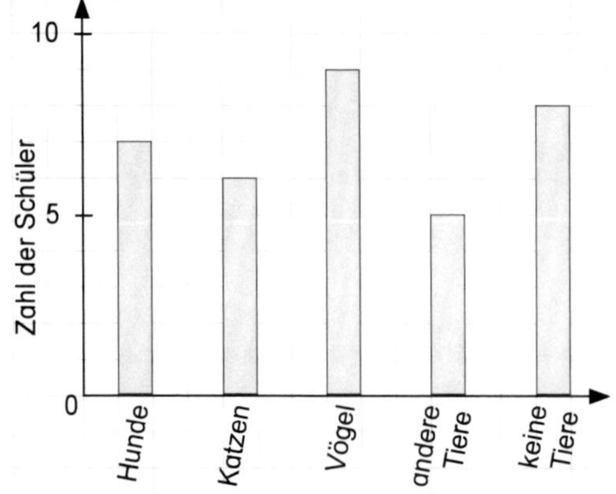

Aufgabe 3:

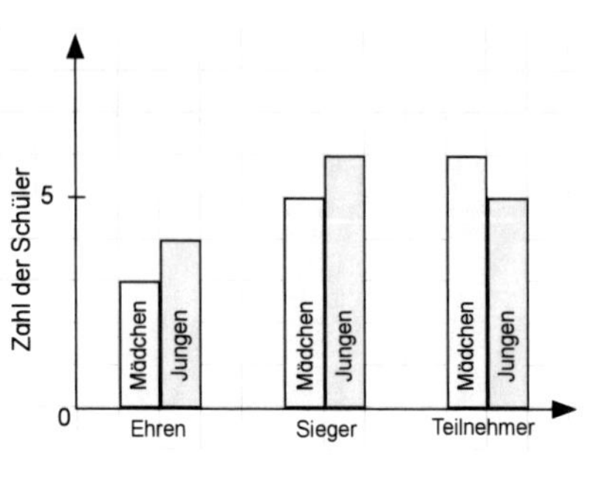

7 Balkendiagramme

Aufgabe 1: Die Spannweite der Zuschauerzahlen lag bei 38 952 Zuschauern.
Der Mittelwert betrug 43 602 Zuschauer.

Aufgabe 2: **a)**

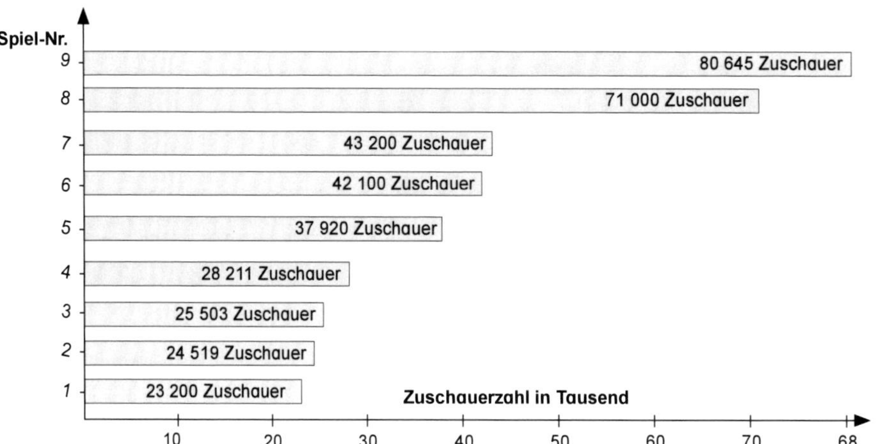

8 Liniendiagramme

Aufgabe 1: Die Durchschnittstemperaturen des Ortes steigen von 0°C im Januar auf 17°C im Juli an. Danach gehen sie wieder von Monat zu Monat zurück. Im Dezember beträgt sie nur noch 2°C.

Aufgabe 2:

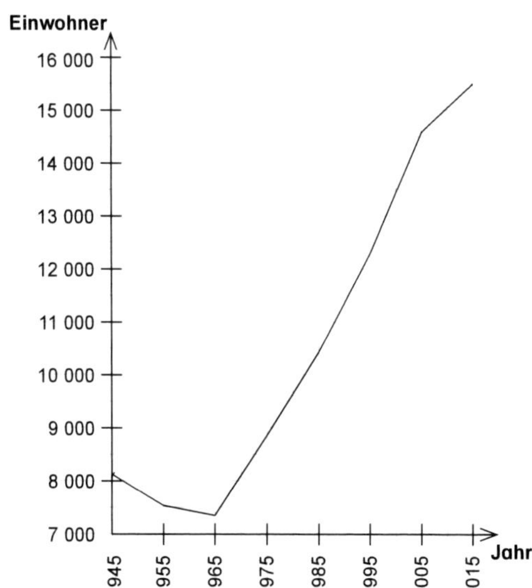

9 Kreisdiagramme

Aufgabe 1: Sport - 126°, Computer - 115,2°,
Musik - 37,6°, Lesen - 32,4°,
Sonstiges - 28,8°

10 Daten zum Parlament XY

Aufgabe 1: **a)** Gesamtzahl der Abgeordneten: 400
Partei ABC: 22%; Partei DEF: 27,5%; Partei GHI: 31,25%; Partei JKL: 19,25%

b) Partei ABC: 39°; Partei DEF: 49,5°; Partei GHI: 56,25°; Partei JKL: 34,65%

47 Lösungen

11 Streifendiagramm

Aufgabe 1: Die Lieblingsfarbe der Schüler ist Rot, an 2. Stelle folgt Grün, danach Gelb. Für fast 1/3 der Befragten ist Rot die Lieblingsfarbe. Nur zusammen 25% der Befragten mögen am meisten Blau oder eine andere Farbe.

Aufgabe 2:

Team A *43%*	**Team D** *29%*	**Team B** *17%*	**Team C** *11%*

Aufgabe 3:

10%	*40%*	*20%*	*30%*

12 Bilddiagramme

Aufgabe 1: Das obere Diagramm sagt aus, wie viele Häuser es in 5 benachbarten Dörfern gibt. Im Dorf A sind es 70, in Dorf B 40, in Dorf C 140, in Dorf D 75, und in Dorf E 95 Häuser.

Aufgabe 2: Dorf A: 8 Männchen, Dorf B: 4 Männchen, Dorf C: 15 Männchen, Dorf D: 9 Männchen, Dorf E: 11 Männchen

13 Auswertung von Diagrammen

Aufgabe 1: Diagramm A: Säulendiagramm, Diagramm B: Balkendiagramm, Diagramm C: Kreisdiagramm

Diagramm A: Von den Kirchenmitgliedern fühlen sich am meisten die Menschen mit der Kirche verbunden, die über 65 Jahre alt sind. Jüngere Menschen haben weniger einen inneren Bezug zur Kirche. In Ostdeutschland ist die Kirchenverbundheit größer als in Westdeutschland.

Diagramm B: 6 Gründe für Austritte aus der Kirche werden genannt. Als häufigster und stärkster Grund wird von Menschen angeführt, die Kirche sei unglaubwürdig. An 2. Stelle folgt die Gleichgültigkeit jeweiliger Menschen gegenüber der Kirche, an 3. Stelle die Aussage, man brauche die Kirche nicht für das Leben.

Diagramm C: Kirchenmitglieder sprachen mit verschiedenen Personen über religiöse Themen. Meistens unterhielten sich Kirchenmitglieder darüber mit den (Ehe-)partnern, weniger oft mit dem Freund oder der Freundin. Im Vergleich dazu sprachen Kirchenmitglieder relativ selten mit einem Pfarrer über religiöse Dinge.

14 Mittelwertlinien

Aufgabe 1: **a)** Mittelwert: 5, **b)** Mittelwert: 13, **c)** Mittelwert: 2

a)
0 1 2 3 4 5 6 7 8 9 10

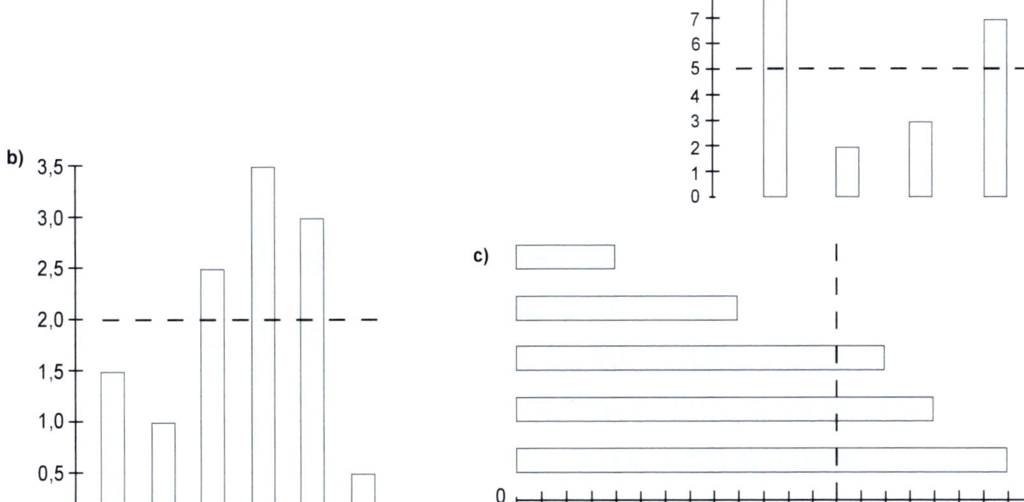

15 Mittelwert und mittlere Abweichung

Aufgabe 1: **a)** Mittelwert Schütze A: 7,4 Ringe - Schütze B: 7,4 Ringe
b) Mittelwertabweichungen Schütze A: 1,92 / Schütze B: 1,68
c) Es schoss wegen der gleichen Werte keiner besser. Allerdings schoss Schütze B beständiger aufgrund der geringen Mittelwertabweichung.

16 Standardabweichung und mittlere Abweichung

Aufgabe 1: **a)** Mittelwert: 36 Euro, Standardabweichung: 8,60 Euro, mittlere Abweichung: 36/5 = 7,20 Euro
b) Mittelwert: 300 Euro, Standardabweichung: 91,38 Euro, mittlere Abweichung: 600/8 = 75 Euro

17 Absolute und relative Häufigkeit

Aufgabe 1: **a)** Kl. 5a: 0,458; Kl. 5b: 0,4; Kl. 6a: 0,461; Kl. 6b: 0,375; Kl. 7a: 0,380; Kl. 7b: 0,473; Kl. 8a: 0,333; Kl. 8b: 0,260; Kl. 9a: 0,227; Kl. 9b: 0,444
b) In der Klasse 7b sind verhältnismäßig gesehen die meisten Schüler, die einem Sportverein angehören.

Aufgabe 2: **a)** Unterstufe: 486 Schüler, Mittelstufe: 324 Schüler, Oberstufe: 162 Schüler
b) siehe Grafik
c) Unterstufe: 50%, Mittelstufe: 33,3%, Oberstufe: 16,6%
d) z.B. Kreisdiagramm: 180° = Unterstufe, 120° = Mittelstufe, 60° = Oberstufe

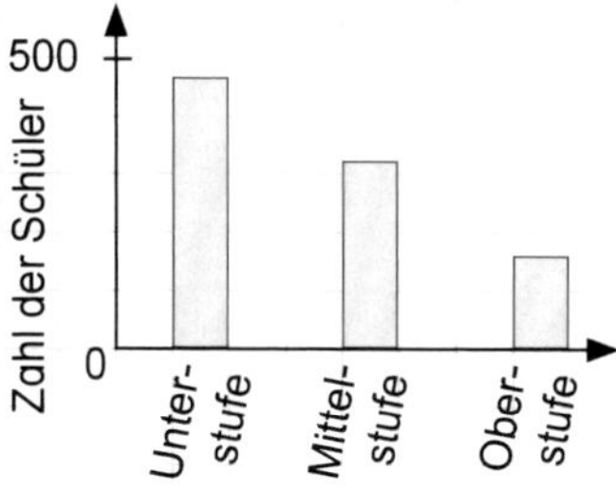

Aufgabe 3: **a)** sehr gut: 9 = 6%; gut: 21 = 14%; mitelmäßig: 60 = 40%; schlecht: 33 = 22%; sehr schlecht: 27 = 18%;
b) Mittelwert: 3,32
c) siehe Grafik
d) Sehr gut: 21,6°; Gut 50,4°; Mittelmäßig: 144°; Schlecht: 79,2°: Sehr schlecht: 64,8°,

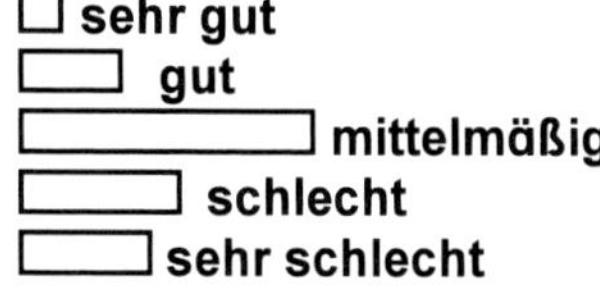

18 Verkehrszählung – rund um Statistik

Aufgabe 1: **a)** Letzte Spalte von oben nach unten: 733, 651, 874, 222, 2480
Letzte Zeile von links nach rechts: 82, 115, 160, 166, 184, 190, 217, 192, 176, 219, 249, 245, 148, 137
b) siehe Grafik
c) Der Verkehr war von 16-17 Uhr am stärksten.
d) Von 6-7 Uhr war der Verkehr am geringsten.
e) Die Spannweite des gesamten Verkehrs sind 167 Verkehrsmittel.
f) Der Durchschnittswert des Verkehrs betrug ca. 177 Verkehrsmittel pro Stunde.

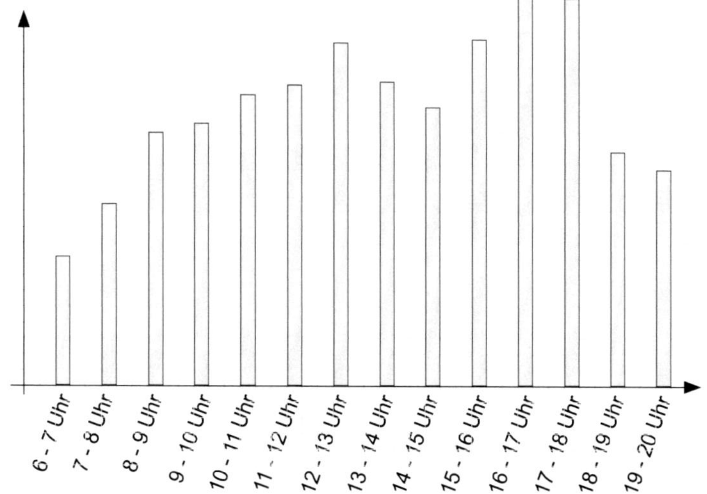

Lösungen

18 Verkehrszählung – rund um Statistik

g) Der Anteil der Fußgänger am Gesamtverkehr betrug ca. 29,56%.
h) Der Anteil der Fahrräder am Gesamtverkehr betrug 26,25%.
i) Der Anteil der Kraftfahrzeuge am Gesamtverkehr betrug 35,24%.
j) Der Anteil der Krafträder am Gesamtverkehr betrug ca. 8,95%.
k) Quadrat (20 Kästchen hoch und breit): Kraftfahrzeuge: 141 Kästchen, Fußgänger = 118 Kästchen, Fahrräder = 105 Kästchen, Krafträder = 36 Kästchen
l) Kreisdiagramm: Kraftfahrzeuge: 126,9°, Fußgänger = 106,4°, Fahrräder = 94,5°, Krafträder = 32,2°

19 Verkehrszählung – Fachbegriffe zum Thema Statistik

Aufgabe 1: 1 - E, 2 - H, 3 - I, 4 - J, 5 - L, 6 - C, 7 - A, 8 - F, 9 - D, 10 - B, 11 - K, 12 - G

20 Ermittlung verschiedener Größen der Statistik

Aufgabe 1: **a)** 33 km; **b)** 73 km; **c)** 40 km; **d)** 51 km; **e)** 53 km; **f)** ~ 9,71 km; **g)** ~ 19,7%

21 Täuschungen durch Statistik

Aufgabe 1: Statistiken, Wirklichkeit, korrekt, gibt, täuschen, Werte, Daten, Untersuchung, Entwicklung, Veränderungen, repräsentativ, Schlussfolgerung, kritisch, skeptisch

Arbeit zum Thema Statistik

Aufgabe 1: Minimum: niedrigster Wert, Spannweite: Unterschied zwischen Maximum und Minimum, Modalwert: Wert, der am meisten vorkommt.

Aufgabe 2: **a)** Rangliste: 44 kg, 49 kg, 53 kg, 58 kg, 60 kg, 64 kg, 65 kg
b) Maximum: 65 kg, **c)** Zentralwert: 58 kg

Aufgabe 3: **a)** Minimum: 32 m, **b)** Maximum: 56 m, **c)** Zentralwert: 43 m, **d)** 1. Quartil: 38 m, **e)** 3. Quartil: 48 m
f)

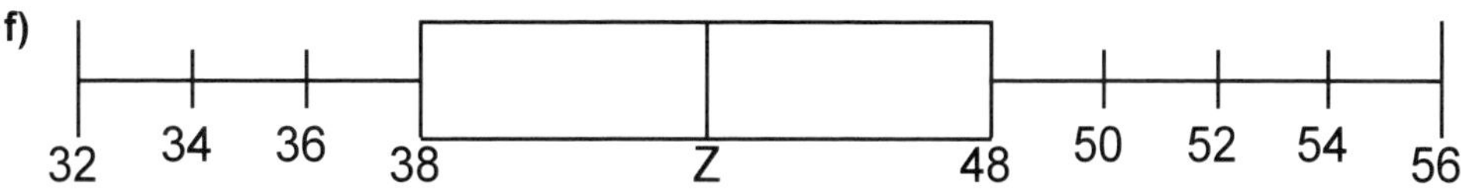

Aufgabe 4:

Personen	gehen gerne ins Kino	gehen nicht gerne ins Kino	Summen
Mädchen	8	5	13
Jungen	10	4	14
Summen	18	9	27

Aufgabe 5: Mittelwert: 340 Euro

Aufgabe 6: Säulendiagramm, Liniendiagramm, Streifendiagramm

Aufgabe 7: Die Stadt A hat mit 95 000 die meisten Einwohner. Danach folgten die Stadt B mit 70 000 Einwohnern die Stadt C mit 65 000 Einwohnern und die Stadt D mit 55 000 Einwohnern. Von den 5 Städten leben in der Stadt E mit 40 000 die wenigsten Menschen.

Aufgabe 8: Kreisdiagramm: 40% - 144°, 25% - 90°, 20% - 72°, 15% - 54°

Aufgabe 9: Mittelwert: 4,20 m, mittlere Abweichung: 0,20 m

Aufgabe 10: Mittelwert: 12°C, Standardabweichung: 3,28

Aufgabe 11: 36%

Aufgabe 12:

sehr gut , gut	befriedigend	ausreichend	nicht bestanden
1/2	1/2	1/5	1/20
25%	50%	20%	5%
20 Personen	40 Personen	16 Personen	4 Personen

KOHL VERLAG Statistik und Wahrscheinlichkeitsrechnung ... kinderleicht erlernen – Bestell-Nr. 11 661

47 Lösungen

22 Zum Begriff „Wahrscheinlichkeit“

Aufgabe 1: Individuelle Lösungen.

23 Umwandlung von Wahrscheinlichkeiten

Aufgabe 1: **a)** 1:5 = 0,2 = 20%, **b)** 1:10 = 0,1 = 10%, **c)** 4:5 = 0,8 = 80%, **d)** 1:4 = 0,25 = 25%, **e)** 1:3 = 0,3 = $33,\overline{3}$%, **f)** 2:3 = 0,6 = $66,\overline{6}$%, **g)** 1:8 = 0,125 = 12,5%, **h)** 7:8 = 0,875 = 87,5%, **i)** 31:50 = 0,62 = 62%, **j)** 13:20 = 0,65 = 65%

24 Wahrscheinlichkeiten beim Würfeln mit einem Würfel

Aufgabe 1: **a)** $16,\overline{6}$%, **b)** $83,\overline{3}$%, **c)** 50%, **d)** 50%, **e)** $33,\overline{3}$%, **f)** $66,\overline{6}$%, **g)** 50%, **h)** $33.\overline{3}$%, **i)** $16,\overline{6}$%, **j)** 50%

25 Ein Zufallsexperiment mit einem Würfel

Aufgabe 1: Individuelle Lösungen.

26 Mensch ärgere dich nicht mit 1 Würfel

Aufgabe 1: Situation 1: **a)** $\frac{1}{6} = 1 : 6 = 0,1\overline{6} = 16,\overline{6}\%$, **b)** $\frac{2}{6} = \frac{1}{3} = 1 : 3 = 0,\overline{3} = 33,\overline{3}\%$

Situation 2: **a)** $\frac{1}{6} = 1 : 6 = 0,1\overline{6} = 16,\overline{6}\%$, **b) + c)** $\frac{2}{6} = \frac{1}{3} = 1 : 3 = 0,\overline{3} = 33,\overline{3}\%$

28 Wahrscheinlichkeiten beim Würfeln mit 2 Würfeln

Aufgabe 1: Augenzahlsumme 3 - Kombinationen: 1/2, 2/1 - Wahrscheinlichkeit: $\frac{1}{18}$

Augenzahlsumme 4 - Kombinationen: 1/3, 2/2, 3/1 - Wahrscheinlichkeit: $\frac{1}{12}$

Augenzahlsumme 5 - Kombinationen: 1/4, 2/3, 3/2, 4/1 - Wahrscheinlichkeit: $\frac{1}{9}$

Augenzahlsumme 6 - Kombinationen: 1/5, 5/1, 2/4, 4/2, 3/3 - Wahrscheinlichkeit: $\frac{5}{36}$

Augenzahlsumme 7 - Kombinationen: 1/6, 2/5, 3/4, 4/3, 5/2, 6/1 - Wahrscheinlichkeit: $\frac{1}{6}$

Augenzahlsumme 8 - Kombinationen: 2/6, 3/5, 4/4, 5/3, 6/2 - Wahrscheinlichkeit: $\frac{5}{36}$

Augenzahlsumme 9 - Kombinationen: 3/6, 4/5,6/3,5/4 - Wahrscheinlichkeit: $\frac{1}{9}$

Augenzahlsumme 10 - Kombinationen: 4/6, 5/5, 6/4 - Wahrscheinlichkeit: $\frac{1}{12}$

Augenzahlsumme 11 - Kombinationen: 5/6, 6/5 - Wahrscheinlichkeit: $\frac{1}{18}$

Augenzahlsumme 12 - Kombinationen: 6/6 - Wahrscheinlichkeit: $\frac{1}{36}$

29 Rückwärtsrechnen – Wahrscheinlichkeiten beim Ziehen von Kugeln

Aufgabe 1: **a)** 5%, **b)** 10%, **c)** 20%, **d)** 25%, **e)** 40%

Aufgabe 2: **a)** 10%, **b)** 10%, **c)** 20%, **d)** 20%, **e)** 40%

30 Wahrscheinlichkeiten beim Ziehen von Losen

Aufgabe 1: **a)** 4 grüne Lose, **b)** 8 gelbe Lose, **c)** 16 blaue Lose, **d)** 20 braune Lose, **e)** 32 graue Lose

Aufgabe 2: **a)** 2 grüne Lose, **b)** 6 gelbe Lose, **c)** 10 blaue Lose, **d)** 8 braune Lose, **e)** 14 graue Lose

31 Gewinnchancen

Aufgabe 1: **a)** 0,5%, **b)** 2,5%, **c)** 5%, **d)** 8%

Aufgabe 2: **a)** $0,\overline{6}$%, **b)** $2,\overline{6}$%, **c)** 4%, **d)** $7,\overline{3}$%

Aufgabe 3: **a)** beim Tombolaplan Kl. 7b, denn 0,6% > 0,5% **b)** beim Tombolaplan Kl. 7b, denn 2,6% > 2,5% **c)** beim Tombolaplan Kl. 7a, denn 5% > 4% **d)** beim Tombolaplan Kl. 7a, denn 8% > $7,\overline{3}$%

Aufgabe 4: Gewinn: 120 Euro

Aufgabe 5: Gewinn: 210 Euro

47 Lösungen

32 Verbundene Wahrscheinlichkeiten

Aufgabe 1 + 2: Individuelle Lösungen.

33 Glücksräder

Aufgabe 1: 111, 121, 131, 112, 122, 132, 113, 123, 133, 211, 221, 231, 212, 222, 232, 213, 223, 233, 311, 321, 331, 312, 322, 332, 313, 323, 333. Es sind insgesamt 27 verschiedene Zahlen möglich.

Aufgabe 2: $\frac{1}{27}$ **Aufgabe 3:** $\frac{1}{9}$

34 Baumdiagramm

Aufgabe 1: Die Wahrscheinlichkeit beide Male keine 6 zu würfeln ist $\frac{25}{36}$, also knapp 70% (69,$\overline{4}$%).

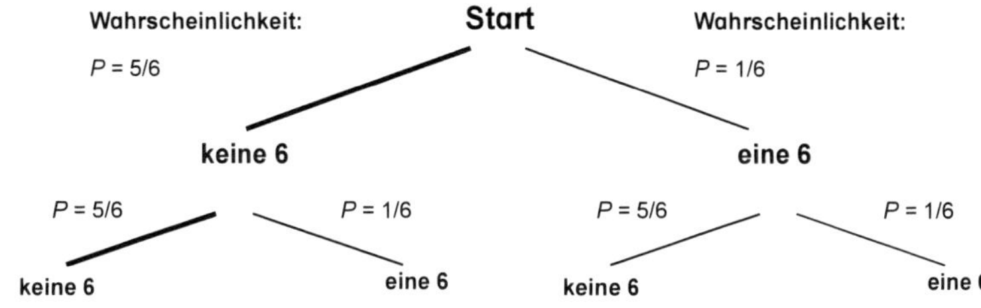

Rechnung:

$\frac{5}{6} \cdot \frac{5}{6} = \frac{25}{36}$

$\frac{25}{36} = 0{,}69\overline{4} = 69{,}\overline{4}\ \%$

35 Baumdiagramme – 1. Pfadregel

Aufgabe 1: **a)** Die Wahrscheinlichkeit beide Spiele zu gewinnen beträgt 45%.

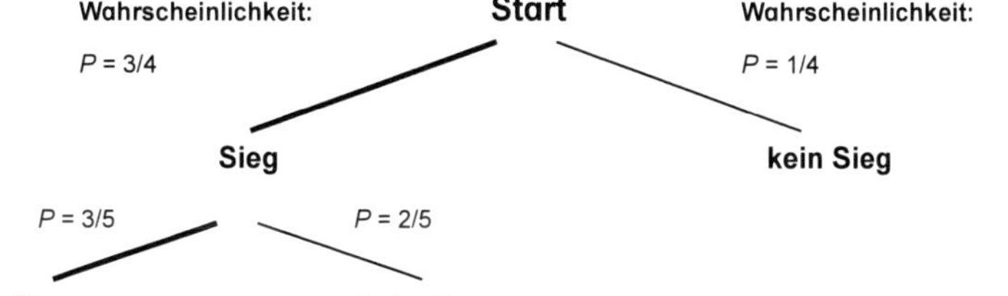

Rechnung:

$\frac{3}{4} \cdot \frac{3}{5} = \frac{9}{20}$

$\frac{9}{20} = 0{,}45 = 45\ \%$

b) Die Wahrscheinlichkeit, dass das 1., 2. und 3. Kind eines Ehepaares ein Mädchen wird, beträgt ca. 11,0592 %, da 0,48 • 0,48 • 0,48 = 0,110592.

36 Baumdiagramme – 2. Pfadregel

Aufgabe 1: Die Wahrscheinlichkeit, mindestens eine 6 zu würfeln, beträgt 30,5%.

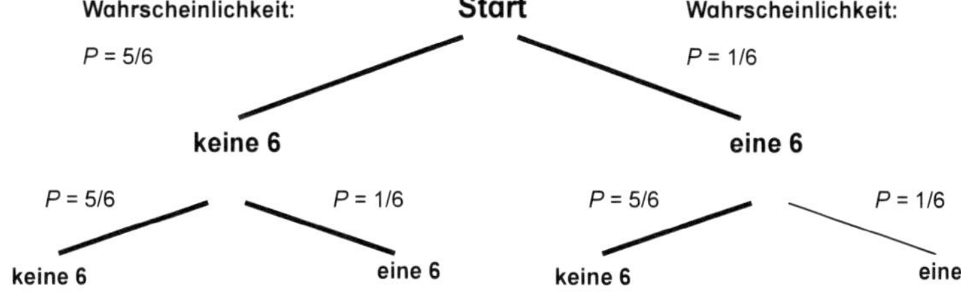

Möglich sind drei Ergebnisse:
1.) 6, keine 6 2.) keine 6, 6
3.) 6, 6

$(\frac{1}{6} \cdot \frac{5}{6}) + (\frac{5}{6} \cdot \frac{1}{6}) + (\frac{1}{6} \cdot \frac{1}{6})$

$= 0{,}30\overline{5}$

Aufgabe 2: Die Wahrscheinlichkeit, zwei gleichfarbige Kugeln zu bekommen, beträgt 40%.

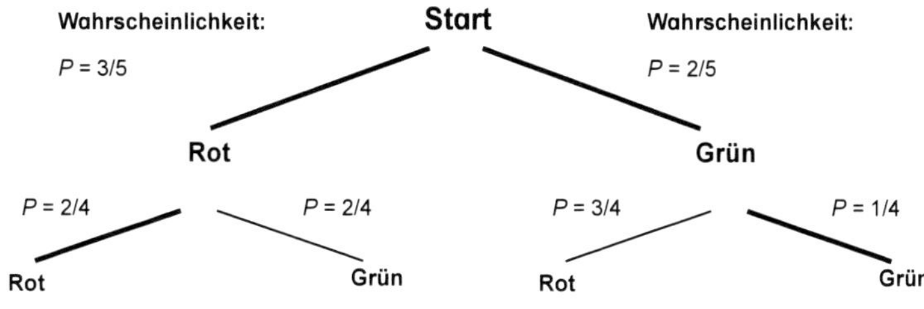

Rechnung:

$(\frac{3}{5} \cdot \frac{2}{4}) + (\frac{2}{5} \cdot \frac{1}{4})$

$= \frac{2}{5} = 0{,}4$

47 Lösungen

36 Baumdiagramme – 2. Pfadregel

Aufgabe 3: Die Wahrscheinlichkeit zwei gleichfarbige Kugeln zu bekommen, beträgt nun 20%.

37 Ziehen mit und ohne Zurücklegen

Aufgabe 1: Die Wahrscheinlichkeit Schwarz, Rot und Grün zu ziehen beträgt $2{,}\overline{7}$%.
Aufgabe 2: Die Wahrscheinlichkeit Schwarz, Rot und Grün zu ziehen beträgt 5%.

38 Spielkarten

Aufgabe 1: **a)** 1/2, **b)** 3/8, **c)** 5/8, **d)** 3/16

39 Gegenereignis

Aufgabe 1: Wahrscheinlichkeit beträgt $55{,}\overline{5}$%

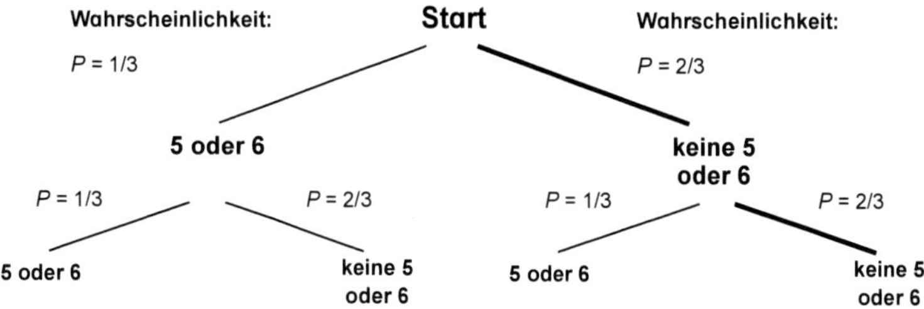

Gegenereignis:
„Keinmal 5 oder 6" würfeln

$1 - (\frac{2}{3} \cdot \frac{2}{3}) = 0{,}\overline{5} = 55{,}\overline{5}\,\%$

Aufgabe 2: Wahrscheinlichkeit beträgt 75%

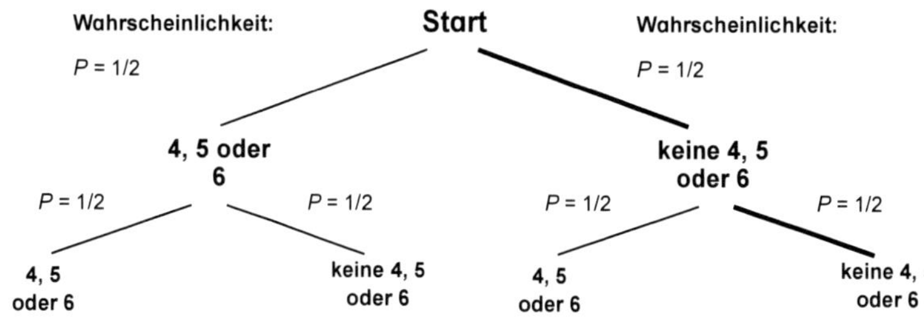

Gegenereignis:
„Keinmal 4,5 oder 6" würfeln

$1 - (\frac{1}{2} \cdot \frac{1}{3}) = 0{,}75 = 75\,\%$

40 Zahlenlotto „6 aus 49"

Aufgabe 1: Wahrscheinlichkeit beträgt 1,19047%

Rechnung:

$\frac{1}{9} \cdot \frac{2}{8} \cdot \frac{3}{7} = \frac{1}{84} =$

0,011904762 = 1,19047 %

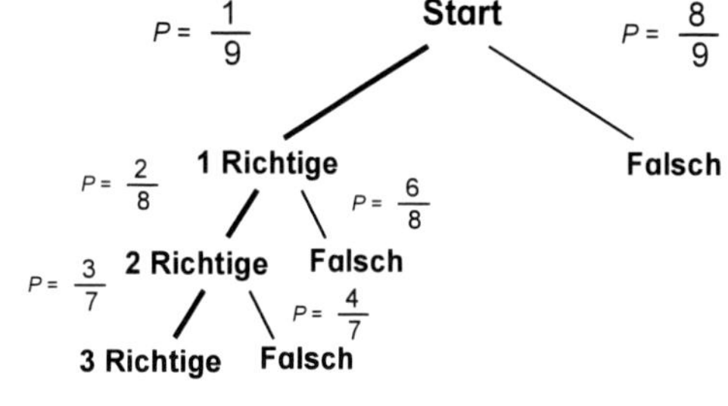

Aufgabe 2: Wahrscheinlichkeit beträgt 0,05494%

Rechnung:

$\frac{1}{16} \cdot \frac{2}{15} \cdot \frac{3}{14} \cdot \frac{4}{13} =$

0,0005494 = 0,05494 %

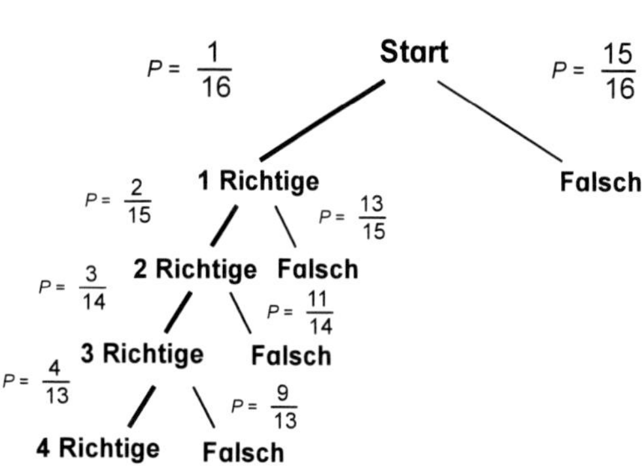

47 Lösungen

41 Vierfeldertafeln in der Wahrscheinlichkeitsrechnung

Aufgabe 1: a)

Personen	gehen gerne ins Theater	gehen nicht gerne ins Theater	Summen
Frauen	42	43	85
Männer	27	48	75
Summen	69	91	160

b) 49%, **c)** 36%

Aufgabe 2: In der Schulklasse sind insgesamt 24 Schüler, 11 Mädchen und 13 Jungen. 9 Mädchen können schwimmen, 2 Mädchen können dies nicht. Von den 13 Jungen können 10 schwimmen. Wird von den 24 Schülern zufällig jemand ausgewählt, so beträgt die Wahrscheinlichkeit 79% (19/24), dass diese Person auch schwimmen kann. Andersherum, also einen nicht schwimmfähigen Schüler zufällig zu wählen beträgt die Wahrscheinlichkeit 21% (5/24).

Aufgabe 3:

Personen	deutsche Staatsangehörigkeit	keine deutsche Staatsangehörigkeit	Summen
Mädchen	32%	12%	44%
Jungen	39%	17%	56%
Summen	71%	29%	100%

Aufgabe 4:

Personen	Zahnprobleme	keine Zahnprobleme	Summen
Mädchen	0,21	0,18	0,39
Jungen	0,35	0,26	0,61
Summen	0,56	0,44	1

42 Ein Würfelspiel mit zwei Würfeln

Aufgabe 1: **a)** Es gibt insgesamt 27 gerade Ergebnisse, aber nur 9 ungerade. Also ist der Vorschlag ungerecht.

b) Vorschlag: Spieler A: bekommt jeweils einen Punkt, wenn das Produkt 1-9 beträgt (17 Fälle)
Spieler B: erhält jeweils einen Punkt, wenn das Produkt 12-36 beträgt (17 Fälle)
Wenn das Produkt 10 beträgt, bekommt niemand einen Punkt.

43 Reihenfolgen

Aufgabe 1: Für 13 Fußballspiele gibt es 1 594 323 Tippmöglichkeiten, also beträgt die Wahrscheinlichkeit ca. 0,000062722 %.

Aufgabe 2: **a)** 2 verschiedene Reihenfolgen, **b)** 6 verschiedene Reihenfolgen, **c)** 24 verschiedene Reihenfolgen, **d)** 120 verschiedene Reihenfolgen, **e)** 720 verschiedene Reihenfolgen, **f)** 5040 verschiedene Reihenfolgen, **g)** 40 320 verschiedene Reihenfolgen, **h)** 362 880 verschiedene Reihenfolgen, **i)** 3 628 800 verschiedene Reihenfolgen

47 Lösungen

44 Multiple-Choice zur Wahrscheinlichkeitsrechnung

Aufgabe 1: D, A, B, A, A, C, D, B, D, B

45 Fußball – rund um die Wahrscheinlichkeitsrechnung

Aufgabe 1: Die Wahrscheinlichkeit, dass dieser Torwart einen Elfmeter verwandelt beträgt $90,\overline{90}\%$.
Aufgabe 2: Die Wahrscheinlichkeit, dass ein ausgeloster Teilnehmer mindestens ein Tor schießt, liegt bei 60%.
Aufgabe 3: Bei 50 Euro Einsatz erhält man im Erfolgsfall 1031,25 Euro.
Aufgabe 4: Bei der 13er-Wette des Fußballtotos sind 1 594 323 Tipps möglich.

Arbeit zum Thema Wahrscheinlichkeit

Aufgabe 1: Die Wahrscheinlichkeit ist das Verhältnis zwischen der Anzahl eines bestimmten Ereignisses und der Anzahl aller möglichen Ereignisse.
W(E)=0 - Das jeweilige Ereignis ist unmöglich.
Aufgabe 2: $\frac{13}{20} = 13 : 20 = 0{,}65 = 65\%$
Aufgabe 3: **a)** 33,3% **b)** 16,6% **c)** 50% **d)** 33,3% **e)** 66,6%
Aufgabe 4: Es sind Versuche, in denen alle möglichen Ergebnisse diesselbe Chance haben. Sie wurden nach dem fanzösischen Mathematiker Laplace benannt. Beispiel: Wurf eines sechsflächigen Würfels (1-6) und einer Münze mit Wappen und Zahlseite.
Aufgabe 5: Erwartungswert = 3,5 , denn: $\frac{1+2+3+4+5+6}{6} = \frac{21}{6} = 3{,}5$
Aufgabe 6: Für die Augensumme 7 besteht die größte Wahrscheinlichkeit, denn 6 verschiedene Möglichkeiten: 1/6; 2/5; 3/4; 4/3; 5/2; 6/1; 16,6% Wahrscheinlichkeit für die Augensumme 7.
Aufgabe 7: **a)** $\frac{1}{56}$ **b)** $\frac{1}{21}$ **c)** $\frac{1}{12}$ **d)** $\frac{25}{168}$ **e)** $\frac{143}{168}$
Aufgabe 8: **a)** $\frac{1}{4}$ **b)** $\frac{1}{32}$
Aufgabe 9: **a)** $\frac{2}{3}$ **b)** $\frac{1}{12}$ **c)** $\frac{1}{21}$
Aufgabe 10: Wahrscheinlichkeiten, Pfad, multipliziert
Aufgabe 11: Die Wahrscheinlichkeit für 3 Richtige beträgt 5%.
Rechnung:

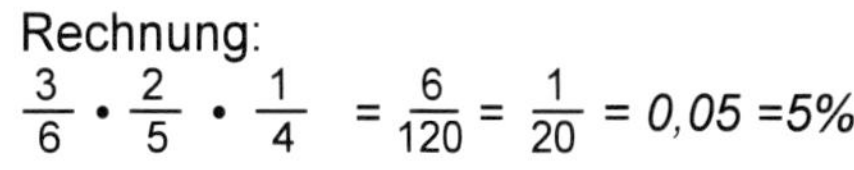

$\frac{3}{6} \cdot \frac{2}{5} \cdot \frac{1}{4} = \frac{6}{120} = \frac{1}{20} = 0{,}05 = 5\%$

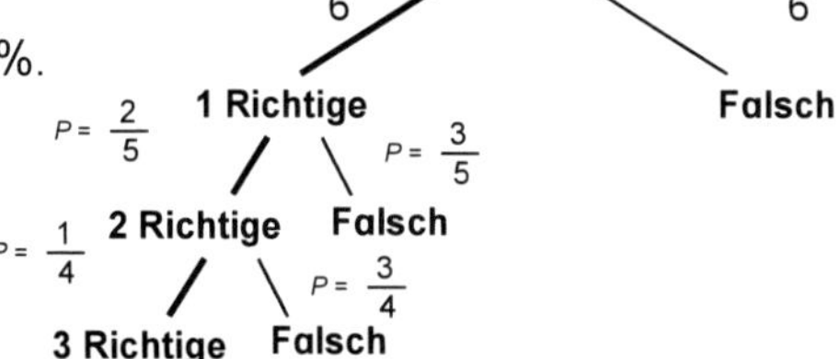

Aufgabe 12: a)

Personen	mögen Shopping	mögen kein Shopping	Summen
Frauen	0,44	0,06	0,5
Männer	0,15	0,35	0,5
Summen	0,59	0,41	1

b) Die Wahrscheinlichkeit, dass eine zufällig ausgewählte Person Shopping mag, beträgt 59%.

46 Aufgaben zu Statistik und Wahrscheinlichkeitsrechnung

Aufgabe 1: c
Aufgabe 2: c
Aufgabe 3: a
Aufgabe 4: d
Aufgabe 5: c